Tous nos ouvrages sont disponibles aux

Éditions Decoopman
Ferrières
30440 Saint-Laurent-le-Minier
Tel : +33 (0)4.67.73.90.95
web : www.decoopman.com
e.mail : editions@decoopman.com

Olivier Lacaux
Jean Castanier

I.S.B.N. 978-2-36965-181-9
Dépot légal : 1er trimestre 2024

Ouvrages parus aux Éditions Decoopman Collection « *Sciences & Techniques* »

Autos/Motos

- *Embrayages et freins* - R. Champly
- *Le Clos Serpollet* - P. Dubarry de Lassalle
- *Motocyclettes & side-cars* - M. Zerolo

Chemins de fer

- *La locomotive* - U. Lamalle & F. Legein
- *La machine locomotive* – E. Sauvage
- *Les chemins de fer* – A. Guillemin
- *Locomotive & Chemin de Fer* – L. Figuier

Électricité

- *Des électromoteurs* - T. du Moncel
- *La machine de Gramme* - A. Breguet
- *La bobine Ruhmkorff* - A. Loiseau
- *La serrurerie* - H. Havard

Génie humain

- *Comment on devient forgeron - R. Champly*
- *Traité de pneumatique - N. Boquillon*
- *Forges et fonderies - G. Franche*
-

Horlogerie

- *Gnomonique - G. Bigourdan*
- *Comptage du temps - R. Baierlein*
- *Échappements d'horloges et de montres - C. Gros*
- *L'horloger à l'établi - C. Gros*
- *Manuel d'horlogerie - P. Foucher*
- *Encliquetages*
- *Échappements à ancre* - École de Cluses
- *Guide-manuel de l'Horloger* - C. Saunier
- *Histoire de l'Horlogerie* - P. Dubois
- *L'Horloger* - C. Poncet
- *L'art de connaître les montres* - J. Gondy
- *L'art de l'Horlogerie enseigné en trente leçons* - Anonyme
- *Les merveilles de l'Horlogerie* - Portal-Graffigny
- *L'horlogerie électrique* - G. Tobler
- *Traité d'horlogerie moderne* - C. Saunier

Hydraulique

- *Traité d'hydraulique* - N. Boquillon
- *Machines destinées à l'élévation des eaux* - A. Morin

Marine

- *La Marine française* - F. Roux
- *Des bateaux aux couleurs de la Gironde* - F. Jouison
- *Abécédaire des forces sous-marines* - P. Nôtre & J. L. Vichot
- *La Marine de guerre* – L. Huard
- *La Marine de guerre – A. Sauvaire-Jourdan*
- *La navigation sous-marine* – G.L. Pesce
- *Les bateaux automobiles à pétrole* - R. Champly
- *Les paquebots à grande vitesse – M. Dumoulin*
- *Les Torpilles* – E. Hennebert
- *Sous-marins & submersibles - Max Laubeuf*
- *L'Artillerie moderne (Le monde industriel)* – L. Huard

Mécanique

- *507 Mouvements mécaniques* – H. Brown
- *760 mouvements mécaniques* - G. Vander Haeghen
- *Appareils d'obturation* - J. Gary et A. Druot
- *Des mécanismes élémentaires* - L.E. Loche
- *Engrenages & Transmissions* – G. Franche
- *Engrenages et vis sans fin* - R. Champly
- *Les Machines* – E. Collignon

Ouvrages parus
aux Éditions **Decoopman**
Collection « ***Sciences & Techniques*** »

Mécanique (suite)

- *Les mouvements mécaniques* - M. Nicaise
- Mécanismes des machines - H. Leblanc
- *Notions de technologie mécanique* - P. Beauvais
- *Organes de transmission* - R. Champly
- *Organes de machines* - J. Gary et A. Druot
- *Organes auxiliaires des machines* - R. Champly
- *Traité de mécanique industrielle* - S. Flachat
- *Traité pratique des engrenages* - L. Wève
- *Transmission du mouvement* - J. Gary et A. Druot

Moteurs

- *Les moteurs d'aviation* - C. Martinot-Magarde
- *Le moteur sans soupape Knight* - A. Contet
- *Les Moteurs* – H. de Graffigny
- *Les moteurs à vent* - R. Champly
- *Moteurs* - Max de Nansouty
- *Moteurs et gazogènes* - L. Letombe
- *Les moteurs* - H. de Graffigny

Moteurs Stirling

- *D'Asap à Rhombic 160* - D. Lyonnet
- *Fabriquer des moteurs Stirling* - A. Ross
- *Petits moteurs Stirling pour l'amateur* – D. Lyonnet

Vapeur

- *Catéchisme des Chauffeurs* - Collectif
- *Distribution de la vapeur* - M. Castelnau
- *Distribution de la vapeur dans les machines* - A. Spineux
- *Gouvernails à vapeur FARCOT* – J. Farcot
- *Histoire de la machine à vapeur* – R.H. Thurston
- *L'A.B.C. du Chauffeur* – H. Mathieu
- *Les bateaux à vapeur* – L. Figuier
- *Les Locomobiles* – L. Figuier
- *Les machines à vapeur* - J.P. Delaby
- *La machine à vapeur* – E. Sauvage
- *La Vapeur – A. Guillemin*
- *Tiroirs et distributeurs de vapeur* – A. Madamet

L'électricité dans la voiture automobile

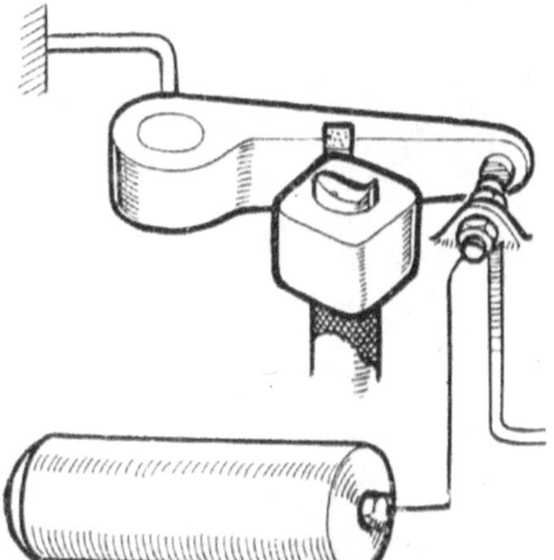

Henri PETIT

Ancien élève de l'École Polytechnique
Rédacteur en chef de *La Technique automobile et aérienne*

1939

Chapitre I

L'électricité à bord des voitures automobiles

L'électricité a commencé à occuper une place vraiment importante à bord des voitures quand on a substitué l'éclairage électrique à l'éclairage par l'acétylène. L'époque de la naissance de l'éclairage électrique se situe aux environs de 1910 à 1912, naissance commerciale, bien entendu, c'est-à-dire utilisation courante par les usagers, mais non pas premiers essais, qui, eux, sont beaucoup plus anciens.

Cependant, tant que l'électricité n'agissait que pour l'éclairage, l'équipement électrique ne constituait pas une partie absolument essentielle du véhicule. On pouvait toujours en effet éviter de rouler la nuit, si quelque chose se dérangeait dans la station centrale ; d'ailleurs, à cette époque, les gens prudents avaient l'habitude d'avoir un phare à acétylène de secours pour parer aux défaillances de l'électricité.

Ce n'est qu'après la guerre, et même plusieurs années après la guerre, que l'électricité, en tant qu'équipement général, est devenue partie intégrante et indispensable de la voiture. C'est dire qu'au moment où la magnéto a pratiquement disparu des voitures de tourisme, remplacée par l'allumage par batterie, bobine et distributeur, une panne importante de l'équipement électrique entraînait l'immobilisation de la voiture.

Entre-temps, l'installation s'était complétée par le démarreur. Mais l'usage de cet appareil se révélait encore comme peu sûr, puisque toutes les voitures sorties jusque vers 1924 ou 1925 étaient encore équipées avec une manivelle de mise en marche.

Aujourd'hui, l'équipement électrique a tendance à prendre une place de plus en plus importante. Il assure, en effet, l'allumage du moteur, l'éclairage de la voiture, le démarrage du moteur, et cela sur toutes les voitures. Dans certains cas, la boîte de vitesses est à commande électrique.

La pompe à essence emprunte parfois aussi son énergie à la batterie d'accumulateurs, exceptionnellement d'ailleurs : la pompe électrique a été, en effet, presque complètement éliminée par la pompe mécanique, meilleur marché.

Un grand nombre d'appareils de contrôle sont également à commande électrique...; bref, à l'heure actuelle, une automobile privée de sa batterie d'accumulateurs est immobilisée au même degré que si elle avait subi une grave avarie mécanique.

En même temps que les usages de l'électricité à bord de la voiture se développaient, on constatait la nécessité d'avoir des électriciens spécialisés dans tous les garages et ateliers chargés de l'entretien et de la réparation des voitures.

On doit reconnaître d'ailleurs que cette branche importante de l'industrie d'entretien a été longtemps défaillante ; seules les grandes villes possédaient un ou quelquefois deux électriciens spécialisés ; partout ailleurs, c'était l'homme débrouillard de l'atelier qui essayait, vainement parfois, de trouver les pannes électriques et d'y remédier.

Aujourd'hui, cet état de choses a heureusement disparu et, si tout atelier ne possède pas son électricien spécialisé, il a au moins la possibilité d'envoyer son client, ou, s'il a la voiture en garde, d'envoyer l'organe à réparer à un électricien du voisinage.

Les électriciens spécialisés de l'automobile se sont tellement multipliés, au cours des dernières années, qu'ils ont créé dans la plupart des régions de France des chambres syndicales, lesquelles viennent de se fusionner en une fédération : celle-ci a fêté sa création pendant le Salon de 1937 et nous avons eu le plaisir de le signaler dans *La Vie Automobile.*

Ce n'est pas certes pour la plupart des électriciens spécialisés dans l'automobile que nous consacrons cette année le Cours d'Automobile à l'électricité de la voiture : les membres de cette corporation sont sûrement trop avertis pour avoir besoin de nos enseignements. Mais les lecteurs de *La Vie Automobile*, vieux conducteurs pour la plupart, aiment en général à connaître dans les moindres détails tout le mécanisme de leur véhicule et éventuellement désirent être capables de l'entretenir et même d'en réparer les défaillances. Or, pour certains d'entre eux, ce qui est électrique présente encore un certain mystère. On n'ose pas toucher à l'équipement électrique, parce qu'on ignore sa constitution et le fonctionnement de ses divers organes. Et, ainsi, la panne d'origine électrique qui est, et de loin, la plus anodine et la plus facile à réparer, prend dans bien des cas des proportions importantes par ses conséquences, puisqu'elle oblige l'automobiliste à avoir recours à un spécialiste. Je connais nombre de vieux conducteurs de voitures qui n'hésiteraient pas à effectuer eux-mêmes le changement d'un joint de culasse par exemple et qui n'osent pas chercher l'origine d'un court-circuit ou d'un mauvais contact.

C'est donc surtout aux possesseurs de voitures que nous nous adressons cette année : nous nous proposons de décrire devant eux l'équipement électrique de la voiture et ses principaux organes, de montrer leur agencement, leurs perfectionnements, et, par voie de conséquence, de dire comment ils doivent être entretenus et éventuellement réparés.

Auparavant, et simplement pour éclairer notre lanterne, nous devrons donner quelques définitions sur les termes spéciaux employés quand on parle d'électricité. On verra que ces termes sont fort peu nombreux et que la compréhension en est aisée. Nous essaierons aussi de donner une idée des lois élémentaires des courants électriques, en évitant autant que possible de compliquer les choses ; on a l'habitude en effet de comparer le courant électrique à un courant de liquide, ce qui permet d'établir des parallèles entre la tension et la hauteur de chute, entre le débit du courant et le débit du ruisseau, entre la résistance du fil électrique et celle du tube où circule le filet d'eau..., c'est très commode. Mais nous pensons qu'à l'heure actuelle, tout le monde est à peu près assez averti pour pouvoir comprendre les éléments que nous allons chercher à exposer sans être obligés d'entrer dans le détail de ces comparaisons. Au surplus, ne perdons pas de vue que les lois qui régissent les courants électriques sont beaucoup plus simples et s'expriment avec beaucoup plus de clarté que celles qui régissent les courants de liquide. L'hydraulique, qui traite de ces lois, est une science extrêmement difficile. On peut dire que ce n'est pas encore une science complète, car, dans nombre de cas, on est obligé, pour soumettre la matière au calcul, de faire des approximations qui éloignent de la vérité et ne sont que partiellement justifiées.

En matière d'électricité, au contraire, et surtout en ce qui touche les courants continus — auxquels nous bornerons naturellement notre étude — tout est simple et ne nécessite, pour être parfaitement compris, que la connaissance des quatre règles d'arithmétique.

Si nous sommes à peu près obligés d'écrire de temps en temps une formule où figurent des lettres, cette formule sera toujours extrêmement simple et nous aurons généralement le soin de l'expliciter en langage ordinaire.

Notre cours, dont nous exposons aujourd'hui en quelque sorte la préface, va donc comprendre un certain nombre de chapitres : d'abord l'exposé très élémentaire et très bref des lois générales des courants avec la définition des mots spéciaux, et surtout des unités utilisées dans le langage de l'électricité ; nous verrons ensuite dans son ensemble l'ossature, l'anatomie en quelque sorte de l'équipement électrique d'une voiture ; après quoi, nous pénétrerons dans l'étude individuelle de chacun de ses organes : dynamos génératrices, batterie d'accumulateurs, moteurs électriques de lancement, systèmes d'allumage, appareils de sécurité, tels que le conjoncteur-disjoncteur, fusibles... Si l'espace qui nous est réservé nous le permet, nous dirons quelques mots des appareils d'éclairage de la voiture, considérés, non plus du point de vue électrique, mais du point de vue optique. Enfin, pour terminer, nous aurons sans doute l'occasion de parler des principales et des plus fréquentes pannes qui peuvent frapper le fonctionnement des divers organes de l'équipement électrique.

Chapitre II

Le langage électrique et les lois des courants continus

Disons d'abord qu'on ne connaît que fort peu de choses quant à la nature de l'électricité et du courant électrique. Cependant, les très grandes découvertes faites au cours de ces dernières années, en particulier sur la constitution des atomes et des molécules des corps et sur l'existence des électrons, ont permis de se faire une idée de ce qu'est le courant électrique.

Nous n'avons d'ailleurs pas l'intention de remonter aussi haut au cours de cette étude très élémentaire. Sans faire aucune hypothèse sur la nature même de l'électricité et du courant électrique, on peut en étudier très exactement les lois : c'est d'ailleurs ce qu'on a fait jusqu'à maintenant, et ces lois peuvent s'appliquer très exactement à tous les phénomènes dont nous aurons à nous occuper.

Considérons deux points A et B ; réunissons ces deux points par un fil métallique dont nous pourrons contrôler la température. Nous supposons les points A et B et le fil lui-même à la température ambiante.

Réunissons les points A et B par le fil ; si, à ce moment, nous constatons dans le fil une élévation de température, nous dirons qu'un courant électrique le parcourt. Le fil est dit conducteur électrique : l'ensemble des deux points A et B s'appelle la source d'électricité dont les pôles sont précisément les points A et B.

L'existence du courant se révèle donc par l'échauffement du conducteur électrique dans lequel il circule. Cet échauffement est plus ou moins grand ; nous verrons plus loin les lois qui le régissent.

Posons, à proximité de notre conducteur, une boussole, en orientant le conducteur de telle sorte qu'il soit disposé parallèlement à l'aiguille aimantée, lorsque celle-ci est immobile dans sa position d'équilibre (orientation à peu près nord-sud), établissons le courant dans le fil en le mettant en contact par chacune de ses extrémités avec les deux pôles de notre source. Nous constatons que l'aiguille de la boussole quitte sa position d'équilibre, se fixe dans une position sensiblement perpendiculaire à celle qu'elle occupait auparavant : autrement dit, l'aiguille se met en croix avec le fil.

Deuxième effet des courants par conséquent : le courant électrique agit sur les aimants (l'aiguille d'une boussole est un aimant) et oblige ceux-ci à s'orienter perpendiculairement à la direction du conducteur.

Si, nous dirigeant de A vers B, nous constatons que l'extrémité bleue de l'aiguille aimantée qui, au repos, se dirige vers le Nord, se place à notre droite, nous dirons que le courant électrique va du point A vers le point B.

Nous définissons ainsi arbitrairement le sens du courant.

Nous dirons dès lors que le pôle A est le pôle positif de la source et le pôle B le pôle négatif. Pour les reconnaître, nous marquerons d'une croix le pôle A et d'un trait le pôle B.

Pour que ces marques soient plus visibles, nous peindrons le pôle A en rouge et le pôle B en noir : ce sont les couleurs et les signes qui sont universellement adoptés pour repérer les deux pôles des sources électriques.

Insistons sur ce point que le sens du courant, et par conséquent la polarité des bornes de la source, a été fixé d'une façon purement arbitraire. On aurait pu tout aussi bien le fixer dans le sens inverse, sans que rien soit changé dans les conclusions. Il arrive même que, maintenant qu'on connaît un peu mieux ce qui crée les courants électriques, à savoir le déplacement de ces tout petits éléments électrisés qui s'appellent des électrons, il arrive, dis-je, que, dans un conducteur, les électrons suivent précisément un chemin inverse du sens qu'on a choisi pour la circulation du courant. Les électrons se dirigent du pôle négatif vers le pôle positif, alors que le courant, lui, va du pôle positif au pôle négatif.

Mais, je le répète, cette hypothèse sur le sens du courant est faite une fois pour toutes, adoptée par tout le monde, et, si l'on ne veut pas créer de confusion, il faut s'y tenir sans rien y changer. Il était seulement utile, pensons-nous, de constater que le choix du sens n'a absolument aucune importance.

Puisque le courant électrique va à travers le conducteur du pôle + de la source vers le pôle −, il est naturel de supposer que ce courant se ferme à l'intérieur de la source et que, par conséquent, dans cette source même, il circule du pôle négatif vers le pôle positif. C'est ce qui se passe en particulier dans une pile électrique, un élément d'accumulateur ou une dynamo. Donc, retenons ce point essentiel : dans un circuit électrique, quel qu'il soit, le courant continu circule du pôle + vers le pôle − dans un conducteur extérieur à la source ; il se ferme par un courant qui va du pôle − vers le pôle + à l'intérieur de la source.

Si un courant se produit entre deux points A et B d'une source, on dit qu'il y a, entre ces deux points, une différence de potentiel : pour venir à l'analogie classique avec les phénomènes hydrauliques, lorsqu'il se produit un écoulement du réservoir A dans un réservoir B, c'est qu'il y a une différence de niveau entre le réservoir A et le réservoir B ; la différence de potentiel est donc une différence de niveau.

Les différences de potentiel s'expriment en volts. Le volt, unité pratique, est à peu de chose près la différence de potentiel qui existe entre les deux pôles d'une pile de Weston au sulfate de cadmium.

Pour nous donner une idée de la grandeur du volt, disons que, dans un élément d'accumulateur au plomb, la différence de potentiel entre les bornes est d'environ 2 volts truand l'accumulateur est chargé.

Si nous réunissons plusieurs sources identiques de courant en joignant le pôle positif de l'une d'elles au pôle négatif de la suivante, et en conservant libres les deux bornes extrêmes, il tombe sous le sens que la différence de potentiel entre ces bornes extrêmes sera égale à la somme des différences de potentiel de chacune des sources élémentaires. En conséquence, si nous réunissons entre elles de la façon que nous venons de dire, c'est-à-dire en série ou en tension, un nombre n d'éléments d'accumulateur, nous aurons une différence de potentiel finale qui sera égale à $2n$ volts. La réunion de ces éléments s'appelle une batterie : sur nos voitures automobiles, nous avons des batteries de trois éléments (6 volts) et de six éléments (12 volts) ou, sur les gros véhicules, de douze éléments, soit 24 volts.

Rappelons d'ailleurs qu'il s'agit ici d'éléments d'accumulateurs au plomb.

Nous verrons, par la suite, qu'il y a des accumulateurs différents dont la différence de potentiel aux bornes est également différente (accumulateurs au cadmium-nickel par exemple, où la différence de potentiel varie entre 1,4 v et 1,7 v, suivant l'état de charge).

Si, au contraire, nous reprenons chacun de nos éléments identiques et que nous réunissions tous ensemble les pôles −, d'une part, et tous ensemble les pôles +, d'autre part, il est bien évident que nous n'aurons rien changé à la différence de potentiel des bornes terminales, qui sera toujours d'environ 2 volts.

Le montage ainsi effectué est dit montage en parallèle ou en quantité. Il n'est pas utilisé dans les éléments d'accumulateurs montés sur les voitures.

Cependant, si l'on démonte un de ces éléments, on constate que les séries de plaques qui constituent les armatures actives de l'élément, comportent chacune plusieurs plaques réunies en parallèle avec les plaques voisines.

Chapitre III

Intensité des courants et résistance des circuits. – Loi d'Ohm

Reprenons une source électrique dont nous allons utiliser le courant d'une façon nouvelle. Nous disposons un vase en verre contenant une solution d'azotate d'argent. Deux fils d'argent trempent dans cette solution ; l'un d'eux est mis en communication avec le pôle positif de la source, l'autre avec le pôle négatif. Nous avons soigneusement pesé chacun des deux fils d'argent qui plongent dans notre appareil (lequel s'appelle un voltamètre), et nous avons noté ces poids).

Nous notons également l'instant précis auquel nous établissons le contact entre les pôles de la source et le voltamètre. Au bout d'un certain temps, nous interrompons le courant. Nous pesons alors de nouveau les deux fils d'argent en notant le temps pendant lequel le courant a passé. Nous constatons que le fil d'argent en communication avec le pôle positif de la source a diminué de poids, tandis qu'au contraire, l'autre a augmenté. L'augmentation du poids de l'un est d'ailleurs égale à la diminution du poids de l'autre. Tout s'est passé, comme s'il y avait eu transport du métal d'un fil sur l'autre.

Si nous divisons l'augmentation de poids (exprimée en grammes) du fil correspondant au pôle négatif par le nombre de secondes pendant lesquelles le courant a passé, nous obtenons un certain chiffre qui va nous servir à mesurer l'intensité du courant qui a circulé pendant l'expérience.

Autant de fois ce nombre contiendra le nombre 0,001118 gr, autant d'ampères auront passé dans notre circuit. L'expérience définit l'unité d'intensité de courant. C'est, on le voit, l'intensité d'un courant électrique qui dépose dans l'unité de temps, soit la seconde, un poids de 0,001118 gr d'argent sur l'électrode du voltamètre.

***

En faisant les expériences qui précèdent, nous avons appris un certain nombre de choses. Nous avons constaté d'abord qu'un courant électrique qui circule dans un fil est susceptible de produire au moins trois effets différents. Il peut échauffer le fil ; il provoque au voisinage de ce fil, la déviation des aiguilles aimantées et enfin il peut, si on le fait passer dans un voltamètre, modifier le poids des électrodes qui trempent dans l'appareil. Tout courant peut donc exercer une action calorifique, une action magnétique et une action chimique ; nous nous sommes servi de l'action calorifique et de l'action chimique pour définir la tension et l'intensité du courant.

Une autre grandeur, relative, celle-là, au circuit dans lequel circule le courant, va nous être aussi très utile : c'est la résistance. Reprenons notre première expérience dans laquelle nous faisions passer un courant dans un fil dont nous mesurions réchauffement dans des conditions déterminées.

Le fil qui a servi à l'expérience avait par exemple une longueur de 1 mètre et une section de 1 millimètre carré ; doublons la longueur du fil. Nous constatons que l'échauffement total est moitié moindre. Nous en concluons que le débit du courant a été réduit de moitié. Nous exprimons ce fait en disant que la résistance que le fil oppose au passage du courant est devenue double de ce qu'elle était primitivement. En effet, rien n'a changé par ailleurs des grandeurs qui fixent les différents éléments du phénomène.

Refaisons la même expérience en prenant un fil plus fin, n'ayant plus qu'une section d'un demi-millimètre carré et la longueur primitive d'un mètre. Nous constatons que, comme avec notre fil de deux mètres de long et d'un millimètre carré de section, le courant a encore diminué de moitié. Nous dirons que la résistance a doublé. De ces deux expériences, nous pouvons conclure que la résistance d'un fil déterminé est proportionnelle à sa longueur et inversement proportionnelle à la surface de sa section droite.

Si nous avons fait notre expérience avec un fil de cuivre, et si nous la reprenons ensuite avec un fil de fer de même dimension, nous constatons que l'intensité du courant qui passe est différente. Nous dirons que la résistance du cuivre n'est pas la même que celle du fer. La résistance d'un circuit métallique va donc être caractérisée par trois éléments : la nature du métal d'abord, sa longueur, et la surface de sa section.

***

Dans tous les calculs d'électricité, on a pris l'habitude de désigner la différence de potentiel ou tension, par la lettre *e*, l'intensité par la lettre *i* et la résistance par la lettre *r*. On a naturellement choisi une unité de résistance dont il est sans grand intérêt de connaître l'équivalent : indiquons-le tout de même. L'unité de résistance est la résistance d'une colonne de mercure homogène de 1 millimètre carré de section et de 106,3 centimètres de long, le tout étant maintenu à 0 degré. L'unité de résistance s'appelle Ohm, du nom du savant allemand qui a étudié les lois des courants et qui, en particulier, a trouvé la loi fondamentale qui régit les courants continus, loi dont nous devons avoir sans cesse l'expression présente chaque fois que nous avons à toucher à un appareil électrique et qui s'exprime ainsi :

> Le produit de l'intensité du courant qui passe dans un circuit par la résistance r de ce circuit est égal à la différence de potentiel entre les deux extrémités de cet élément de circuit.

La loi d'Ohm s'exprime donc de la façon suivante :

$$e = r\,i$$

Mesure des courants. Galvanomètre

Les expériences que nous avons citées jusqu'à maintenant, et qui nous ont permis de découvrir les propriétés essentielles des courants électriques, et même de mesurer leurs principaux éléments, ne sont pas toujours faciles à réaliser.

Nous allons chercher quelques dispositifs qui nous permettront, non seulement de constater certains effets des courants, mais encore de les mesurer avec plus de commodité.

Nous avons observé tout à l'heure que, quand nous faisions passer un courant électrique au voisinage d'une aiguille aimantée, celle-ci se trouvait déviée de sa position première. En général, le courant est suffisant pour que l'aiguille se mette à peu près perpendiculaire au fil dans lequel il circule.

Mais, si la stabilité de l'aiguille aimantée était plus grande, elle se placerait dans une position intermédiaire entre sa position d'équilibre courant coupé et la perpendiculaire au fil qui conduit ce courant. Sa déviation par rapport à la direction Nord-Sud serait naturellement d'autant plus grande que le courant serait plus important.

Il est très facile de réaliser un appareil de ce genre, en substituant au champ magnétique terrestre, dont l'intensité est très faible, un champ magnétique artificiel créé par un puissant aimant permanent. En disposant, entre les pôles de cet aimant, une petite barrette en fer doux mobile autour d'un axe, nous transformons celle-ci en un véritable aimant, en raison du phénomène connu sous le nom de « aimantation par influence » qui fait que tout morceau de fer, non aimanté naturellement, s'aimante automatiquement dès qu'on l'approche d'un aimant.

Autour de cette barrette, nous enroulons un fil en un certain nombre de spires pour augmenter son action, et c'est dans ce fil que nous ferons passer le courant à mesurer. À la barrette en fer doux, nous avons assujetti une aiguille qui nous permettra de suivre plus commodément l'amplitude de ses déviations. L'appareil ainsi constitué s'appelle un galvanomètre.

On peut également fabriquer un galvanomètre conçu sur un principe un peu différent, en utilisant cette simple remarque : si un courant modifie la position d'un aimant voisin, inversement, si nous faisons passer le courant dans un circuit mobile placé lui-même dans le champ d'un aimant, ce circuit mobile se déplacera lorsque le courant le parcourra.

Dans ces conditions, le galvanomètre va être constitué par un aimant permanent fixe, entre les pôles duquel nous placerons une bobine de fil lin articulée sur un pivot ; c'est cette bobine sur laquelle nous fixerons une aiguille, laquelle, par ses déplacements devant un cadran, nous indiquera l'amplitude de la déviation de la bobine mobile ; les galvanomètres de cette espèce sont dits à cadre mobile. Pour renforcer l'action du champ magnétique sur la bobine, on place généralement au centre de celle-ci un noyau de fer doux qui est fixe.

Grâce au galvanomètre, nous allons pouvoir mesurer l'intensité du courant, la tension d'une source et même la résistance du circuit.

Remarquons d'abord que, si notre galvanomètre ne présente qu'une très faible résistance électrique, résistance assez faible pour que nous puissions la considérer pratiquement comme nulle, l'intensité du courant provenant d'une source donnée qui y passera dépendra uniquement de la résistance du circuit extérieur.

L'appareil pourra donc, dans ce cas, mesurer directement l'intensité du courant : nous appellerons ce genre de galvanomètre un ampèremètre.

L'ampèremètre est donc un galvanomètre à résistance très faible, pratiquement nulle.

Si,au contraire,nous donnons à notre galvanomètre une résistance très élevée, l'intensité du courant qui le parcourra sera conditionnée par la tension de la source qui fournira ce courant. Par exemple, une source de tension donnée produisant un courant d'une intensité déterminée dans le galvanomètre, une source d'une tension double y fera passer une intensité double, la résistance du circuit extérieur pouvant être considérée comme négligeable devant celle du galvanomètre.

Nous aurons ainsi constitué un voltmètre, c'est-à-dire un galvanomètre à résistance très élevée. Pour la commodité des lectures, nous graduerons le cadran de l'ampèremètre en ampères et le cadran du voltmètre directement en volts.

Avec un voltmètre et un ampèremètre, nous avons en main tout ce qu'il nous faut pour mesurer tout ce qui nous intéresse dans les courants dont nous aurons à nous occuper lors de notre étude de l'équipement électrique des voitures.

Sans entrer dans le détail de la construction de ces appareils, disons que la déviation de l'aiguille, aussi bien de l'ampèremètre que du voltmètre, peut varier dans un sens ou dans l'autre, suivant que le courant passe dans un sens ou dans l'autre. Dans ces conditions, l'appareil est dit polarisé. Pour les mesures en automobile, nous nous servirons toujours d'appareils polarisés.

Avant d'en terminer avec ces instruments, indiquons quelques détails pratiques sur leur construction.

La résistance des bobines mobiles est toujours faible mais, pour qu'elles soient facilement mobiles, c'est-à-dire pour que l'appareil soit précis, il ne peut y circuler qu'un courant de faible intensité (quelques millièmes d'ampère) ; si l'on y envoyait un courant plus fort, le fil serait porté à une température telle que son isolant fondrait et l'appareil serait mis hors d'usage.

Aussi, pour diminuer la résistance des ampèremètres en même temps que pour ménager la fragile bobine mobile, on monte généralement en parallèle avec celle-ci un conducteur soigneusement étalonné, qu'on appelle un shunt. Le courant à mesurer passe donc, pour une part, dans le shunt et, pour le reste, dans la bobine mobile. Si le shunt est, par exemple, environ 100 fois moins résistant que la bobine mobile et qu'on ait à mesurer un courant de 10 ampères, il passera 9,9 ampères dans le shunt et seulement 0,1 ampère dans la bobine.

On pourra, par suite, utiliser un galvanomètre déterminé et unique pour mesurer des intensités très variables : il suffira de changer de shunt suivant l'intensité probable du courant à mesurer. Dans les ampèremètres très précis, livrés dans ce qu'on appelle des boîtes de contrôle, il y a un galvanomètre sensible et toute une série de shunts permettant de mesurer des courants depuis 1 ampère maximum jusqu'à 10, 100 et même 1.000 ampères, si c'est nécessaire.

Pour les voltmètres, nous allons trouver une disposition du même genre. La résistance de la bobine, nous l'avons dit, n'est pas très élevée, et il ne doit y passer qu'un courant très minime.

Dans un voltmètre, nous avons besoin, au contraire, d'une résistance très forte. Aussi, va-t-on monter en série, sur la bobine mobile, une résistance fixe, qui sera calculée pour correspondre à la tension de la source que l'on se propose de déterminer.

Dans les voltmètres précis, faisant partie des boîtes de contrôle, on dispose ainsi d'un galvanomètre sensible avec toute une série de résistances que l'on peut monter en série sur le galvanomètre et qui correspondent aux différentes tensions à mesurer.

Les appareils portatifs, dont nous nous servirons uniquement par la suite, sont toujours munis d'un shunt pour l'ampèremètre et d'une résistance pour le voltmètre ; mais, shunt et résistance sont inclus dans l'appareil, et on peut très bien ignorer leur existence. Il faut seulement éviter d'imposer à un appareil, quel qu'il soit, voltmètre ou ampèremètre, un courant trop supérieur à la graduation maximum portée par le cadran ; ou, si on applique ce courant à l'appareil de mesure, il faut le supprimer immédiatement dès qu'on s'aperçoit que l'aiguille dévie au maximum. Si, en effet, on laissait l'appareil en circuit, on ferait passer un courant excessif dans ses enroulements, et on aurait toute chance de le mettre hors de service.

Terminons-en avec les appareils de mesure, en disant qu'il existe un très grand nombre de ces appareils, reposant tous plus ou moins sur le même principe, mais très différents les uns des autres quant à la précision des indications fournies. Les appareils de tableau, par exemple, qui sont montés sur la planche porte-appareils de nos voitures, sont fort peu précis et ne peuvent convenir pour effectuer une mesure tant soit peu sérieuse.

Par contre, ils sont extrêmement bon marché et, d'autre part, très robustes, ce qui est nécessaire pour un ampèremètre qui doit rester constamment en circuit.

Lorsqu'on veut faire des mesures simplement sérieuses, il faut se servir d'instruments dits à cadre mobile. Leur prix est actuellement compris entre 100 et 150 francs. On trouve, du reste, des appareils portatifs non polarisés, dont le prix avoisine 25 à 40 francs. Inutile de dire qu'ils ne sauraient être considérés comme pouvant être comparés aux appareils à cadre mobile.

Mesure de la résistance

Avec les appareils dont nous disposons, il va nous être très facile d'effectuer toute une série de mesures. Pour mesurer la tension d'une source, par exemple, on applique les deux bornes du voltmètre aux bornes de la source ; par simple lecture, on a la grandeur cherchée. D'autre part, les signes + ou −, qui figurent sur le cadran de l'appareil, à côté des bornes, indiquent la polarité des pôles de la source. Si l'aiguille dévie à partir du zéro vers la droite, c'est que la borne marquée + du voltmètre est en relation avec le pôle + de la source. Si l'appareil dévie à l'envers, c'est que les connexions sont inversées.

Pour mesurer l'intensité du courant, il faut interposer, dans une coupure que l'on fait dans le circuit, un ampèremètre, en mettant, bien entendu, sa borne + du côté du pôle + de la source.

Retenons donc ces deux principes : les voltmètres doivent toujours être montés en parallèle avec la source dont il s'agit de déterminer la tension ; les ampèremètres sont montés en série dans le circuit où l'on cherche à déterminer l'intensité du courant qui passe.

Voyons maintenant comment nous pouvons mesurer, avec un voltmètre et un ampèremètre, la résistance d'un élément de circuit.

Soit AB cet élément qui est constitué par exemple par un fil ; nous intercalons la résistance AB dans un circuit en relation avec une source électrique de débit constant. Nous intercalons également dans le circuit un ampèremètre.

Nous fermons le circuit, et nous constatons que l'aiguille de l'ampèremètre dévie, nous indiquant le passage du courant d'une intensité égale à i.

Nous branchons le voltmètre aux deux extrémités de AB et notons la tension égale à *e* ; il ne nous reste plus alors qu'à appliquer la loi d'Ohm qui donne immédiatement :

$$r = e / i$$

Prenons un exemple : supposons que nous voulions mesurer la résistance d'une lampe de phare. Ce sera la résistance AB dont nous venons de parler ; nous mettrons notre ampèremètre n'importe où dans le circuit ; quant au voltmètre, nous mettrons ses bornes en contact avec l'entrée et la sortie du courant dans la lampe, aussi près que possible du culot de celle-ci.

Nous constatons, par exemple, que le voltmètre nous indique une tension de 11,8 volts ; l'ampèremètre nous apprend qu'à ce moment, il passe un courant de 2,9 ampères. La résistance de la lampe est donc de 11,8 / 2,9, soit 4,1 ohms.

Chapitre IV

Phénomènes élémentaires de l'induction : action réciproque des courants et des aimants

Définissons d'abord ce qu'on est convenu d'appeler un champ magnétique et un champ électrique. Nous appellerons champ magnétique toute la portion d'espace qui environne un aimant et dans laquelle les effets de cet aimant se font sentir. Cette définition est quelque peu vague, mais elle est très suffisante pour la pratique.

Nous décèlerons, par exemple, l'existence du champ magnétique en promenant, dans l'espace où nous supposons qu'il existe, une aiguille aimantée mobile, une petite boussole par exemple. L'aiguille de la boussole est orientée Nord-Sud quand elle est en dehors du champ magnétique ; elle dévie en général de cette position quand elle entre dans le champ, et elle dévie d'autant plus qu'elle s'approche davantage de l'aimant ou que cet aimant est plus puissant. Nous acquerrons ainsi la notion de l'intensité du champ magnétique. Il est inutile que nous sachions comment on mesure l'intensité du champ magnétique ; donnons simplement le nom de l'unité de champ : c'est le *gauss*, et, pour fixer les idées, disons que le champ magnétique que l'on peut réaliser aisément dans l'entrefer d'une machine électrique de voiture, par exemple, sera de l'ordre de 10.000 à 15.000 gauss.

On appellera de même ***champ électrique*** la portion d'espace où les effets du courant circulant dans un fil se font sentir.

Nous avons vu, en effet, qu'au voisinage du courant électrique, l'aiguille aimantée se trouvait déviée. L'action du champ électrique est donc identique à celle du champ magnétique. En réalité, il n'y a d'autre différence entre un champ magnétique et un champ électrique que dans l'origine de la force qui constitue ce champ : force magnétique dans le premier cas, force électrique dans l'autre.

Du point de vue effet sur un aimant, il y a donc identité complète entre les courants électriques et les aimants permanents. C'est là une très précieuse propriété sur laquelle reposent la construction et le fonctionnement de toutes les machines électriques.

La plus simple de ces machines est constituée par ce qu'on appelle un électroaimant. Un électroaimant est formé par une barre de fer doux autour de laquelle vient s'enrouler un fil conducteur bien isolé. Ce fil conducteur ainsi enroulé porte le nom de ***solénoïde***. On conçoit que, dans un solénoïde, l'action de chaque spire vient s'ajouter à l'action de la spire voisine, de telle sorte qu'un courant d'intensité déterminée, parcourant un fil, produira des effets d'autant plus intenses que le nombre de spires dans lesquelles il circulera sera plus grand ; d'où la notion de l'***ampère-tour*** souvent utilisée pour caractériser l'intensité du champ électrique.

L'électroaimant jouit de cette propriété essentielle que, quand aucun courant ne passe dans le solénoïde, le noyau en fer doux est inerte du point de vue magnétique. On le vérifie en plaçant à proximité d'une de ses extrémités une petite masse mobile en fer ; on constate qu'on peut approcher cette masse aussi près qu'on le veut de l'extrémité du noyau de l'électroaimant, sans qu'aucune action soit exercée sur elle ; si, au contraire, on fait passer un courant électrique dans l'enroulement de l'électroaimant, on constate que la masse de fer ou armature se trouve fortement attirée et vient se coller à l'extrémité du noyau de l'électroaimant.

Lorsqu'on supprime le courant dans le solénoïde, on constate que l'armature ou masse de fer doux mobile reste généralement collée au noyau et qu'il faut un certain effort pour l'en arracher. C'est que le noyau reste légèrement aimanté. On dit qu'il a du magnétisme rémanent.

L'intensité du magnétisme rémanent dépend essentiellement de la composition chimique du fer du noyau ; si ce fer est absolument pur, sans trace de carbone (fer électrolytique), le magnétisme rémanent est nul.

Le magnétisme rémanent sera d'autant plus grand que le fer contiendra davantage de carbone. Si, au lieu de fer, on a affaire à de l'acier qui peut contenir, comme on sait, jusqu'à 0,9 % de carbone combiné, le noyau reste définitivement aimanté et constitue alors un aimant permanent.

Voilà donc un moyen d'obtenir aisément un aimant permanent : il suffit de mettre un barreau d'acier à l'intérieur d'un solénoïde dans lequel on fait passer du courant. C'est ce procédé qui est utilisé directement ou indirectement pour aimanter les aimants des magnétos.

On cherche naturellement, quand on veut faire des aimants permanents, à obtenir le magnétisme rémanent le plus considérable possible et à s'arranger pour que ce magnétisme persiste et ne s'atténue pas, ou s'atténue le moins possible avec le temps. Autrefois, on ne connaissait, comme composition des aimants permanents, que l'acier au carbone. Plus tard, on a découvert que les aciers contenant du tungstène conservaient mieux l'aimantation et, pendant plusieurs années, tous les aimants de magnétos ont été faits en acier au tungstène.

Il y a une quinzaine d'années environ, on a découvert que l'acier au cobalt possédait des qualités très remarquables du point de vue magnétique : les magnétos nouvelles, à aimant tournant, ont été faites avec des aciers au cobalt ; ceux-ci ont le défaut de coûter très cher.

Plus récemment, il y a seulement quelques années, des savants japonais ont découvert les aciers à l'aluminium qui possèdent des qualités magnétiques du même ordre que les aciers au cobalt et qui, même, dans certains cas, leur sont supérieurs. Les aciers à l'aluminium sont actuellement d'un emploi courant pour les aimants de magnétos, et même pour les aimants de certains appareils de mesure.

Mais revenons à notre électroaimant qui va nous permettre de faire des expériences extrêmement intéressantes, qui nous donneront la clé des phénomènes de l'induction.

Remarquons d'abord que, dans toutes les expériences faites avec les électroaimants, on pourrait supprimer le noyau de fer doux de ceux-ci sans changer l'allure des phénomènes constatés. Seule, leur intensité se trouverait diminuée. Un solénoïde sans noyau de fer doux attire les morceaux de fer, fait dévier l'aiguille des boussoles, etc. Mais la présence du noyau de fer à l'intérieur du solénoïde concentre, en quelque sorte, le champ magnétique du solénoïde et permet d'obtenir des phénomènes beaucoup plus intenses.

L'INDUCTION

Prenons deux électroaimants A et B qui peuvent être identiques et que nous placerons en face l'un de l'autre, les pôles de l'un d'eux étant à une petite distance des pôles de l'autre. Faisons passer, au moyen d'une source, du courant dans l'électroaimant A. Nous constatons, au moyen d'une

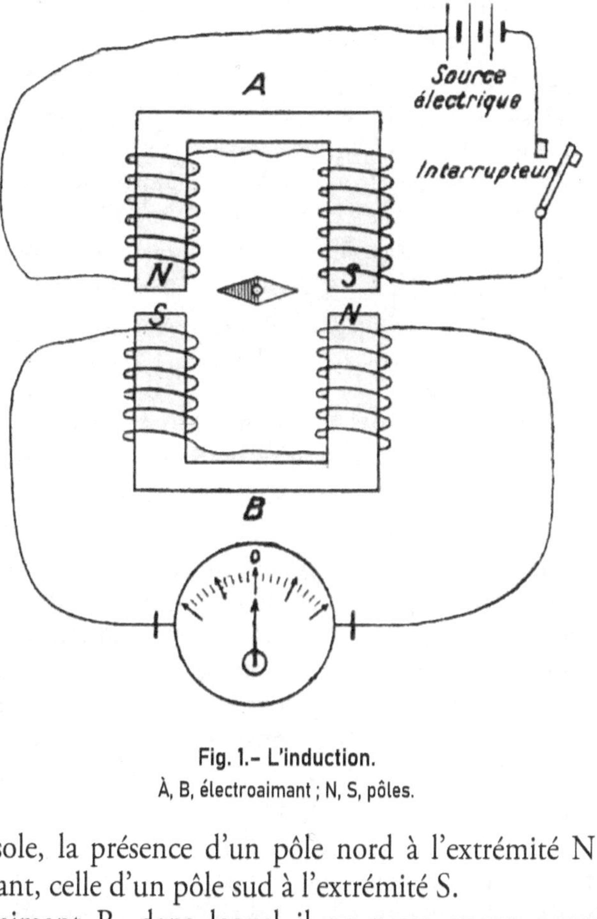

Fig. 1.- L'induction.
À, B, électroaimant ; N, S, pôles.

boussole, la présence d'un pôle nord à l'extrémité N de l'aimant, celle d'un pôle sud à l'extrémité S.

L'aimant B, dans lequel il ne passe aucun courant, examiné grâce à la boussole, montre que lui aussi se trouve polarisé, c'est-à-dire qu'en face du pôle nord de l'aimant A, il s'est formé un pôle sud dans l'aimant B, et inversement. Il y a donc eu une action de l'aimant A sur le fer doux de B. Cette action, c'est ce qu'on appelle l'induction magnétique.

Retirons les armatures des électroaimants A et B, et recommençons l'expérience : nous avons affaire simplement à des solénoïdes disposés en face les uns des autres. Nous constatons, avec notre boussole, qu'il y a toujours un pôle nord sur le solénoïde A, au même endroit où se trouvait primitivement le pôle nord du noyau, et un pôle sud de l'autre côté. Sur les solénoïdes de B, il n'y a rien.

Mais, si nous remettons l'armature dans l'électroaimant B, nous constatons alors la présence du pôle sud en face du pôle nord de A, et du pôle nord de B, en face du pôle sud de A. Le fer placé dans l'électro B, dans les enroulements duquel, rappelons-le, il ne circule à ce moment aucun courant, se trouve donc aimanté : c'est l'induction électromagnétique.

On voit, par conséquent, qu'un courant électrique agit à distance sur du fer doux pour provoquer son aimantation.

Remettons maintenant les noyaux dans les deux électroaimants qui sont toujours placés en regard l'un de l'autre, mais à une petite distance. Sur les deux extrémités libres du fil conducteur qui est enroulé sur l'électroaimant B, nous mettons un galvanomètre sensible, puis nous établissons le contact entre la source électrique et l'électroaimant A ; au moment précis où ce contact vient d'être établi, nous constatons que l'aiguille du galvanomètre dévie, par exemple, de gauche à droite. Elle nous révèle ainsi qu'un courant électrique vient de passer dans l'enroulement de l'électroaimant B. D'ailleurs, ce courant est très éphémère, puisque, dès que le contact est établi dans l'enroulement de A, l'aiguille, après avoir dévié, revient au zéro. Le fait d'avoir formé un aimant à proximité du circuit électrique de l'électro B a donc fait naître dans celui-ci un certain courant.

Si maintenant nous coupons le courant qui circule dans A, nous constatons que l'aiguille du galvanomètre dévie encore de sa position d'équilibre, mais, cette fois, en sens inverse, soit de droite à gauche. La disparition de l'aimant a donc un effet analogue à sa création : elle provoque un courant dans l'électroaimant voisin. Ce phénomène essentiel est à la base de l'induction électromagnétique, et il a permis de réaliser toutes les machines industrielles.

Il est bien évident qu'on pourrait provoquer les mêmes phénomènes dans l'électroaimant B en approchant de lui l'électroaimant A en fonctionnement ou en l'éloignant. Au lieu de prendre comme mobile un électroaimant, nous pourrions également prendre un aimant permanent et l'approcher ou l'éloigner. Inversement, nous pourrions laisser fixe l'aimant ou électroaimant A et approcher ou éloigner le circuit B : les mêmes phénomènes seraient constatés avec plus ou moins d'intensité.

Le circuit, l'électroaimant ou l'aimant, qui provoque les phénomènes que nous venons d'exposer, s'appelle l'inducteur. Le circuit dans lequel ces phénomènes prennent naissance s'appelle circuit induit.

Et nous voilà en possession de tout ce qu'il faut pour constituer la machine génératrice de courant électrique. Les premières machines, en particulier celle de Pixii, étaient constituées par un électroaimant fixe en face duquel se déplaçait un aimant permanent qui tournait autour de son axe de symétrie. Dans ce mouvement de rotation, les pôles de l'aimant permanent arrivaient au voisinage immédiat de Ceux de l'électro fixe et s'en éloignaient, puis revenaient.

On recueillait dans l'enroulement de l'électroaimant fixe un courant qui changeait de sens à chaque demi-tour de l'aimant tournant ; ce courant est dit ***courant alternatif***.

Rapprochons de la machine de Pixii notre magnéto d'allumage.

Les machines actuelles à aimant tournant sont une reproduction très fidèle de la première machine électrique. L'enroulement primaire de la magnéto est fixe et porté par une armature en fer dont les extrémités viennent se terminer au voisinage d'un aimant permanent mobile. La rotation de cet aimant mobile provoque, dans le circuit primaire de la magnéto, des courants alternatifs qu'on utilisera par la suite, comme nous le verrons plus tard, pour produire des courants à haute tension.

Dans toute machine électrique, par conséquent, nous allons retrouver ces deux éléments essentiels : l'inducteur qui crée un champ magnétique et qui est constitué, soit par un électroaimant, soit, exceptionnellement, par un aimant permanent, puis l'induit qui comporte un certain nombre d'enroulements de fils conducteurs, convenablement isolés, enroulements qui sont généralement supportés par un noyau de fer doux destiné à renforcer l'intensité du champ magnétique à l'endroit où on veut l'utiliser.

Les transformateurs

Bien que nous n'ayons à nous occuper ici, en principe, que du courant continu, nous devons, cependant, dire quelques mots des transformateurs qui sont des appareils à courant alternatif et qui constituent la machine électrique la plus simple qui soit. Les transformateurs sont utilisés, comme nous le verrons, pour modifier la tension des courants. Dans l'industrie, ils sont d'un emploi extrêmement développé, de même que dans la technique de la radioélectricité. Sur nos voitures, nous avons affaire à eux sous les espèces de la bobine d'allumage.

Le principe du transformateur n'est autre que celui que nous avons exposé comme principe de toutes les machines électriques : deux électroaimants ont leurs enroulements voisins; mais, dans le transformateur, le noyau en fer doux est commun. Dans la pratique, les deux enroulements sont disposés concentriquement autour d'un noyau commun. Dans l'un des deux enroulements, dit enroulement primaire, on envoie du courant ; dans l'autre enroulement, dit enroulement secondaire, on recueille le courant induit.

D'après ce que nous avons dit précédemment, on voit qu'à chaque émission de courant dans l'inducteur et aussi à chaque suppression de ce courant, un courant induit prend naissance dans l'enroulement induit (secondaire).

La très brève description que nous avons donnée de la machine de Pixii, nous montre que l'on peut produire des courants dits alternatifs, dont l'intensité varie d'une façon constante entre zéro et un maximum déterminé, diminue ensuite, repasse par zéro, s'inverse jusqu'à une valeur égale et opposée au maximum, puis recommence son cycle. En somme, le courant alternatif peut être assimilé à un courant ordinaire dont l'intensité est à chaque instant variable et qui change de sens au bout d'un temps déterminé. Le temps au bout duquel le courant se reproduit constitue la période du courant alternatif.

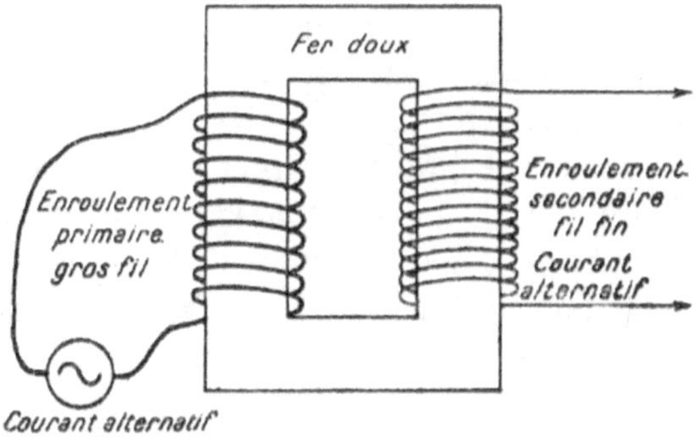

Fig. 2. - Principe d'un transformateur statique.

Le courant alternatif, disons-le tout de suite, est de plus en plus employé aujourd'hui, en particulier pour l'éclairage. Le courant d'éclairage en France est à 50 périodes, c'est-à-dire qu'il change 100 fois de sens dans une seconde.

Faire passer un courant alternatif dans l'inducteur du transformateur produit donc très sensiblement le même effet que si on faisait de brèves émissions et interruptions de courant continu dans ce même inducteur.

On pourra donc recueillir sur l'induit un courant également alternatif, puisque, comme nous l'avons vu plus haut, le courant induit change de sens suivant qu'il y a création d'un aimant au centre de l'induit ou suppression de cet aimant. Création et suppression de l'aimant sont provoquées, on l'a déjà compris, par les émissions et interruptions de courant dans l'inducteur.

Ce qui fait tout l'intérêt des transformateurs, c'est que les tensions des courants induits et inducteurs sont entre elles dans le même rapport que le nombre de spires des enroulements respectifs; autrement dit, si, dans un transformateur, le circuit inducteur a 100 spires et le circuit induit en a 1.000, le courant induit aura une tension dix fois plus grande que celle du courant inducteur ; mais, bien entendu, son intensité sera dix fois plus faible (et même un peu plus faible encore, en raison des pertes inévitables).

C'est ainsi que, dans une bobine d'allumage, on envoie dans l'enroulement primaire ou inducteur, un courant dont la tension est de 6 ou 12 volts et qu'on recueille, dans l'induit, le courant d'allumage dont la tension est de l'ordre de 10.000 à 15.000 volts ; on utilise d'ailleurs, hâtons-nous de le dire, certains artifices pour augmenter la tension du courant secondaire.

Les pertes de rendement

Dans tous les phénomènes électriques, de même d'ailleurs que dans tous les phénomènes thermiques ou mécaniques où intervient de l'énergie dépensée d'un côté, pour produire de l'énergie utile de l'autre, on constate qu'on ne recueille jamais, en énergie utile, l'équivalent de l'énergie dépensée.

Il y a toujours une certaine perte qui se manifeste sous forme d'un dégagement de chaleur. Le rapport entre l'énergie utile produite et l'énergie dépensée constitue le rendement de la machine. Ce rendement, nous le savons, est toujours inférieur à l'unité.

Dans un moteur à combustion interne, le rendement varie depuis 0,25 jusqu'à 0,4 pour certains moteurs Diesel. Dans les machines électriques utilisées sur les voitures, le rendement ne dépasse guère 0,5 et exceptionnellement 0,6. Sur les grosses machines industrielles, il atteint 0,9,ou même 0,95. Les machines électriques sont les machines les plus parfaites que l'on sache exécuter à l'heure actuelle, puisque ce sont celles dont le rendement est le plus voisin de l'unité.

Les pertes d'énergie se manifestent, nous l'avons dit, par un dégagement de chaleur. On dit que l'énergie perdue s'est transformée en chaleur.

Nous avons vu plus haut que, quand on faisait passer un courant électrique dans un fil, ce fil s'échauffait. Or, un courant électrique représente une certaine énergie. En le faisant passer dans le fil, nous avons absorbé toute cette énergie, d'où la production de chaleur constatée.

***

Afin de préciser ces notions de rendement, il nous paraît utile de dire quelques mots, ici, de la puissance du courant, du travail de ce courant et de donner les unités au moyen desquelles on mesure ces grandeurs.

La puissance du courant s'exprime par le produit de l'intensité par la tension aux bornes de la source. L'intensité de puissance s'appelle le ***watt*** ; on a donc :

$$1 \text{ watt} = 1 \text{ ampère} \times 1 \text{ volt.}$$

Comme le watt est une unité fort petite, on utilise pratiquement, comme unité de puissance, l'hectowatt qui vaut 100 watts, ou le kilowatt ; rappelons, à titre de repère, qu'un cheval-vapeur vaut 736 watts.

Le travail d'un courant sera exprimé par la puissance du courant multipliée par le temps pendant lequel il a agi. Le travail s'exprime en joules, le joule étant le travail effectué par un courant de 1 watt pendant une seconde.

La puissance du courant, nous l'avons vu, est égale à ei, ou, si l'on veut introduire la notion de résistance du circuit ri^2, le travail aura pour expression :

$$eit$$

(t étant le temps mesuré en secondes) ou, ce qui revient au même, ri^2t.

En se servant des notions d'équivalents mécaniques de la chaleur et de capacité calorifique, on pourra évaluer l'augmentation de température d'un corps dans lequel on fait passer un courant d'intensité i sous une tension e ; mais tout cela sort un peu du cadre que nous nous sommes tracé et nous nous contentons, par suite, de l'indiquer sans insister davantage.

Chapitre V

Quantité d'électricité Capacité – Travail

Nous avons défini jusqu'à maintenant les unités de courant (ampère), de tension (volt), de résistance (ohm), de puissance (watt). Il nous reste, pour en terminer avec les grandeurs qu'on a envisagées pratiquement dans l'électricité automobile, à parler de notions de *quantité de courant* et de *capacité*.

Si on fait passer dans un conducteur un courant d'un ampère pendant une seconde, on dit qu'il s'est écoulé une quantité d'électricité de 1 ***coulomb***. Telle est l'unité officielle de quantité.

Dans la pratique, on en utilise une autre : c'est la quantité d'électricité qui passe dans un conducteur où circule un courant d'un ampère pendant une heure.

Cette unité a reçu le nom d'ampère-heure. L'ampère-heure, on le voit, est égal à 3.600 coulombs.

Si une source d'électricité est capable d'entretenir dans un conducteur un courant de N ampères pendant une durée de T heures, on dira qu'elle a une capacité de NT ampères-heure. Autrement dit, la capacité d'une source électrique est égale au produit du courant qu'elle est susceptible de débiter par le temps que dure ce débit.

Cette notion de capacité est très importante en électricité automobile, car elle caractérise les batteries d'accumulateurs. Ainsi que nous le verrons plus tard quand nous étudierons spécialement les accumulateurs, un accumulateur est un organe qui peut recevoir du courant, le conserver et le débiter ensuite. Bien évidemment, ce courant électrique n'est pas emmagasiné sous la forme électrique, mais subit une transformation : son action dans l'accumulateur se traduit par des réactions chimiques. Le courant modifie donc les éléments chimiques de l'accumulateur dans un certain sens ; lorsqu'on a besoin ensuite d'utiliser l'accumulateur comme source de courant, on provoque des réactions chimiques inverses, lesquelles à leur tour permettent l'émission du courant.

Il est donc incorrect, à strictement parler, de dire qu'on emmagasine de l'électricité dans une batterie d'accumulateurs. Ce qu'on emmagasine, c'est de l'énergie chimique, mais il est commode, dans le langage, d'admettre que c'est l'électricité qui s'entasse dans les bacs des accumulateurs.

Le coulomb, l'ampère-heure, tout cela, ce sont des quantités d'électricité. On ne fait pas mention, quand on utilise ces unités, de la tension sous laquelle le courant circule, ce qui, cependant, est essentiel, si l'on veut caractériser les quantités d'énergie mises en jeu.

***

Nous avons vu plus haut que la puissance d'un courant était le produit de son intensité par la tension de la source qui le produit. L'unité de puissance est le ***watt*** qui est la puissance d'un courant d'un ampère sous une tension de 1 volt. Si cette puissance agit pendant une seconde, elle produit un travail qui est le watt-seconde ou ***joule***.

Le joule est une unité très petite ; dans la pratique, on se sert d'une unité plus grande. On considère le travail fourni par un courant de 100 watts (un hecto- watt) débité pendant une heure, et l'unité utilisée s'appelle l'***hectowatt-heure***.

On utilise également comme unité de travail le ***kilowatt-heure*** qui est égal à 10 hectowatts-heure.

La valeur de l'énergie électrique se mesure naturellement en unités de travail, ce qui explique pourquoi les factures que nous apportent mensuellement les compagnies de distribution de courant domestique sont libellées en hectowatts-heure ou en kilowatts-heure.

Il existe évidemment dans chaque cas particulier une relation entre le travail du courant dans une source et la capacité de cette source. Pour déterminer cette relation, il est indispensable de connaître sous quelle tension le courant a été débité ou absorbé. S'il s'agit d'une batterie d'accumulateurs, la nature du métal des plaques et la composition de l'électrolyte déterminent la tension aux bornes de chaque élément. C'est ainsi, par exemple, que dans les batteries au plomb, la tension aux bornes est d'environ 2 volts. Cette tension dépend d'ailleurs essentiellement de l'état de charge de l'élément et de l'intensité du courant qui le traverse.

C'est ainsi qu'un élément d'accumulateur au plomb donnera une tension de 2 volts au début de la charge, c'est-à-dire quand il est à peu près complètement vide, et que la tension montera progressivement jusqu'à 2,5 volts, voire même 2,6 volts en fin de charge. Si l'on prend 2,3 volts comme tension moyenne, nous voyons que, pour faire absorber à un élément d'accumulateur une quantité de courant de 100 ampères-heure, il faudra dépenser un travail de 230 watts-heure, soit 2,30 hectowatts. Le prix de l'hectowatt fourni à domicile pour l'éclairage est d'environ 15 centimes.

Le prix du courant fourni à un élément pour le charger à 100 ampères-heure serait donc d'environ 35 centimes.

Si la batterie a six éléments (installation 12 volts), le prix du courant de charge pour une batterie de 100 ampères-heure serait d'environ un franc.

On ne manquera pas de remarquer combien le prix demandé pour charger une batterie d'accumulateurs est plus élevé que celui que nous indiquons : cela tient à plusieurs raisons.

D'abord, il y a une perte de courant dans la transformation qu'on est obligé de lui faire subir pour adapter ses caractéristiques à la charge de la batterie ; il faut donc dépenser plus de courant que la batterie n'en absorbe réellement.

D'autre part, quand on fait charger une batterie chez un électricien, celui-ci doit naturellement faire payer des frais accessoires : amortissement du groupe chargeur éventuel, démontage et remontage de la batterie, complément de l'électrolyte, etc.

Quand on effectue la charge de la batterie chez soi, au moyen d'un chargeur monté sur le réseau, la somme réellement dépensée peut être considérée comme égale à peu près à 2 fois ou 2 fois et demie le prix théorique que nous avons indiqué.

Les chargeurs d'accumulateurs ont, en effet, un rendement qui est de l'ordre de 40 % et dépasse très rarement 50 %.

Les accumulateurs constituent les principaux réservoirs d'énergie électrique dont on a à se servir sur une voiture.

Nous aurons l'occasion, ainsi que nous l'avons déjà dit, de revenir avec plus de détail sur leur étude et de les examiner beaucoup plus à fond.

Il y a cependant d'autres réservoirs d'énergie électrique dont il est fait usage dans les installations de voitures : ce sont les condensateurs.

Disons tout de suite que la capacité d'un condensateur est incomparablement plus faible que celle d'un accumulateur même très petit.

Un condensateur se compose essentiellement de deux lames conductrices séparées par une feuille d'un élément non conducteur d'électricité, dit diélectrique. Comme diélectrique, on utilise, soit le mica, soit le papier. Pour que les condensateurs occupent un encombrement aussi réduit que possible, on les constitue en empilant alternativement des feuilles métalliques et des feuilles de diélectrique, toutes les feuilles métalliques d'ordre pair étant réunies ensemble, de même que toutes les feuilles d'ordre impair. L'ensemble est serré entre deux plaques terminales.

Telle est, par exemple, la forme des condensateurs utilisés sur les magnétos à induit tournant.

D'autres fois, le condensateur ne comprend que deux feuilles conductrices et deux de diélectrique qui sont enroulées et affectent extérieurement la forme d'un petit cylindre : on enferme ce cylindre dans une enveloppe métallique pour le protéger contre les chocs, et, très généralement, l'une des armatures est en contact avec l'enveloppe extérieure, l'autre étant connectée avec un fil isolé qui sort par le milieu d'une des bases du cylindre : tels sont les condensateurs utilisés sur les têtes d'allumage ou pour l'antiparasitage des appareils électriques, quand la voiture comporte un poste de T. S. F.

Les condensateurs sont utilisés sur l'équipement comme réservoirs temporaires de courant pour absorber et restituer immédiatement les excédents de courant qui se produisent dans certains cas. Par exemple, dans les appareils d'allumage, un condensateur est monté en parallèle sur les deux grains du rupteur et a pour rôle d'absorber l'extra-courant de rupture qui prend naissance au moment où le rupteur s'ouvre. Ceci, afin de diminuer l'importance de l'étincelle et de protéger par suite les contacts métalliques.

L'emmagasinage de l'énergie électrique dans un condensateur ou dans un accumulateur se fait donc d'une façon complètement différente. Nous avons vu que, dans un accumulateur, cet emmagasinage se faisait sous forme d'énergie chimique ; dans un condensateur, au contraire, l'électricité s'emmagasine à l'état de charge électrostatique et est restituée de la même façon. Un condensateur n'est autre chose, en principe, que la bouteille de Leyde dont on nous a parlé autrefois dans notre cours élémentaire d'électricité.

Chapitre VI

Anatomie générale de l'équipement électrique

Sur une voiture moderne, l'équipement électrique tient une large place et joue un rôle absolument essentiel. C'est à l'électricité qu'on a recours pour assurer en particulier l'allumage du moteur.

L'équipement électrique est donc sur une voiture moderne tout aussi important qu'un accessoire comme le carburateur ou le radiateur.

L'équipement électrique d'une voiture comporte, en somme, tous les organes d'une véritable station centrale. L'organe essentiel, de par son rôle, c'est la batterie d'accumulateurs qui constitue un magasin d'énergie électrique qui doit être entretenu toujours plein, pour pouvoir, à chaque instant, alimenter des consommateurs de courant tels que le démarreur électrique ou les ampoules des appareils d'éclairage.

L'appareil qui alimente sans cesse la batterie d'accumulateurs, c'est la dynamo, machine rotative qui est entraînée par le mouvement du moteur.

Nous verrons plus tard rapidement les différents modes d'entraînement de la dynamo.

La dynamo ne fournit naturellement de courant que quand elle tourne à une vitesse suffisante. Quand elle est arrêtée, elle se comporte comme un simple conducteur électrique, et il faut, par suite, éviter que la batterie ne débite son courant dans l'induit. Il faut donc prévoir, entre la dynamo et la batterie, un organe automatique qui réalise l'accouplement de ces deux appareils quand la dynamo tourne et la disjonction quand elle s'arrête.

Cet appareil, c'est le conjoncteur-disjoncteur qui se trouve placé, dans la plupart des machines modernes, sur le bâti même de la dynamo. Il est logé sous un petit capot métallique.

La dynamo est un organe assez complexe. Nous aurons l'occasion de l'étudier en détail.

En plus du conjoncteur-disjoncteur, nous disposerons d'un appareil de contrôle qui nous indiquera à chaque instant quelle est l'intensité du courant fourni parla dynamo, ou plutôt qui nous donnera la différence entre le courant que reçoit la batterie et celui qu'elle débite. Grâce à l'ampèremètre qui est monté sur le tablier, nous saurons si la batterie dépense plus qu'elle ne reçoit ou, au contraire, si elle reçoit plus qu'elle ne dépense. En marche normale, il est bien évident que, pour que la batterie ne s'épuise pas, elle doit recevoir un peu plus qu'elle ne dépense.

Voilà pour la production et l'emmagasinage du courant : dynamo génératrice et batterie-magasin.

***

Voyons maintenant les consommateurs de courant. Le plus essentiel est l'organe d'allumage, sans lequel le moteur ne pourrait pas fonctionner. L'organe d'allumage est lui-même assez complexe ; il comporte une bobine transformatrice, une tête d'allumage, qui comprend un rupteur avec son condensateur et son dispositif d'avance automatique, et un distributeur de courant secondaire. Il se complète par les bougies vissées dans les cylindres et les canalisations à basse et à haute tension qui mettent en relation l'interrupteur, la bobine, les bougies et la batterie. Enfin, le courant peut être envoyé dans le système d'allumage ou interrompu à volonté au moyen d'un interrupteur placé sur le tablier, interrupteur généralement désigné sous le nom de bouton de contact, ou plus simplement de contact.

Après l'appareil d'allumage, le consommateur le plus utile est le moteur électrique de lancement ou démarreur. Il se place tout contre le carter du moteur et attaque le volant de celui-ci par un système de pignon coulissant.

Parfois le démarreur est combiné avec la dynamo et l'ensemble porte alors le nom de *dynamoteur*. Les dynamoteurs peuvent être montés, soit en prise directe avec le vilebrequin, soit, plus généralement, latéralement et commandés alors par courroie.

Le courant est envoyé dans le moteur de lancement au moyen d'un contacteur qui peut être monté sur le circuit qui va de la batterie au démarreur, en un point quelconque de ce circuit mais qui, plus généralement, est placé sur le démarreur lui-même et se trouve dans ce cas commandé par câble flexible.

Le moteur de lancement est réuni à la batterie par un conducteur de très forte section. Le courant de démarrage acquiert, en effet, une intensité considérable qui se chiffre par plusieurs centaines d'ampères. Il est, par suite, essentiel que la ligne dans laquelle passe ce courant soit aussi peu résistante que possible, donc qu'elle ait une forte section.

Les appareils d'éclairage constituent la troisième classe de consommateurs : les phares d'abord, qui absorbent 36 watts chacun, soit 72 pour les deux, puis les lanternes et feux de position. Les uns et les autres sont commandés par des boutons de contact ou des commutateurs placés, soit sur le tablier, soit plus généralement sur le volant de direction.

Les appareils avertisseurs constituent une quatrième classe : il y a d'abord les appareils sonores (vibreurs, appareils à anche, à lamelle, à moteur, etc.), puis les appareils lumineux de « stop » et de changement de direction. Le stop, qui s'allume à l'arrière de la voiture, quand on manœuvre le frein au pied, est commandé par un interrupteur en relation mécanique avec la pédale de frein. Les indicateurs de changement de direction sont constitués très généralement par des bras lumineux mobiles placés de chaque côté du véhicule, qui se lèvent et s'allument sous l'action d'une manette placée sur le tablier.

Une cinquième classe est constituée par les appareils accessoires, tels que : essuie-glace (obligatoire sur toutes les voitures), dégivreur, réchauffeur de voiture, allume-cigares, appareil éclaireur de tablier, baladeuse, indicateur de niveau d'essence, etc.

Nous ne devons pas oublier, parmi les consommateurs de courant, les boîtes électromécaniques, telles que la boîte de vitesses Cotai, qui équipent un certain nombre de voitures. La boîte Cotal consomme à peu près autant qu'une ampoule de phare, soit 36 à 40 watts. C'est un consommateur permanent.

Sur certaines voitures, de plus en plus rares d'ailleurs, nous devons citer également la pompe à essence électrique. Elle tend à disparaître simplement parce qu'elle coûte plus cher que la pompe mécanique qui l'a remplacée un peu partout.

Enfin, n'oublions pas, en terminant, de parler du poste de radio-téléphonie qui, encore peu répandu en France, équipe plus d'un tiers des voitures américaines. La consommation d'un poste de T. S. F. est très variable, suivant le modèle.

Les postes américains, fabriqués spécialement pour voitures, sont en général à consommation assez faible

(30 à 40 watts) ; par contre, les postes puissants peuvent consommer jusqu'à 100 et 150 watts.

Parmi les consommateurs précités, certains sont permanents, d'autres temporaires. Entendons que nous appelons consommateur permanent un appareil qui utilise le courant, soit pendant toute la durée de marche de la voiture, soit pendant la circulation nocturne, et que nous appelons consommateur temporaire un appareil qui n'est mis en usage qu'éventuellement et pendant un temps très court.

La distinction entre consommateur permanent et consommateur temporaire est intéressante : les consommateurs permanents, même si leur consommation instantanée est faible, soutirent finalement à la batterie une quantité d'énergie beaucoup plus considérable qu'un consommateur temporaire même très gourmand.

Il est facile de mettre ce fait en évidence et d'établir, par exemple, que les phares fonctionnant pendant une vingtaine de minutes consomment plus de courant que n'en absorbe le démarreur pour lancer le moteur froid.

Pendant un démarrage à froid, on envoie dans le démarreur un courant de 200 ampères sous 12 volts, soit 2.400 watts ; la quantité d'énergie dépensée sera de 20 watts-heure en admettant que la durée du démarrage soit de 30 secondes, ce qui est énorme.

Une lampe de phare absorbe 36 watts, soit 72 pour les deux phares. Il suffira, par conséquent, d'allumer les deux phares pendant un peu plus d'un quart d'heure pour consommer la même quantité d'énergie qui aura été utile pour démarrer le moteur froid.

L'énergie absorbée par le démarreur quand le moteur est chaud est presque insignifiante et se chiffre par une fraction de watt-heure.

L'énergie absorbée par l'allumage (consommateur permanent) est assez faible. Il ne faudra pas, pour l'établir, tenir compte du débit de courant dans la bobine quand le moteur est arrêté, débit qui peut atteindre 3 ou 4 ampères sous 12 volts ; en effet, dès que le moteur tourne, le débit tombe à 0,5 ampère environ.

Il serait assez compliqué de tenir compte à chaque instant de la dépense de courant et de la recette effectuée sous l'action de la dynamo. Heureusement que l'ampèremètre, monté comme il l'est sur les installations de voitures, fait immédiatement la somme algébrique du débit et de la recette de courant et nous donne le résultat par simple lecture. Il suffira de voir son aiguille toujours du bon côté du zéro (côté charge) pour être sûr que la batterie ne se trouvera jamais en déficit.

⁂

Avant d'abandonner ce chapitre des organes électriques de la voiture, nous devons mentionner certains appareils qui, il est vrai, ne font pas à proprement parler partie de l'équipement électrique de la voiture, mais plutôt de celui du garage. Nous voulons parler du chargeur d'accumulateurs, qui fonctionne en empruntant de l'énergie électrique au réseau ; il fournit un appoint appréciable pour la recharge de la batterie quand, pour une raison quelconque, les dépenses ont dépassé les recettes.

Chapitre VII

L'allumage

L'allumage est évidemment la fonction la plus importante de l'équipement électrique. Le procédé d'allumage des moteurs consiste, on le sait, à provoquer le jaillissement d'une étincelle électrique au sein de la masse gazeuse combustible enfermée dans le cylindre en lin de compression. Cette étincelle se produit entre deux pointes dont l'écartement est de l'ordre d'un demi-millimètre : ces deux pointes sont portées par la bougie. L'une d'elles est isolée, l'autre en relation avec la masse. Pour que l'allumage se produise, il est indispensable que l'étincelle soit assez nourrie, autrement dit que le courant qui franchit l'espace compris entre les deux électrodes ait une intensité suffisante. Cette intensité est d'ailleurs beaucoup plus faible que celles que nous avons l'habitude de considérer dans les phénomènes électriques des voitures : elle est de l'ordre d'un milliampère, et même moins ; par contre, pour que le courant puisse franchir l'espace isolant rempli de gaz fortement comprimés qui présentent à son passage un obstacle important, il faut que la tension aux pointes de la bougie soit très élevée. On admet qu'une tension de

10.000 volts est nécessaire pour que l'allumage se produise sûrement. Fréquemment, cette tension dépasse d'ailleurs et largement cette valeur.

Pour que la combustion se produise au meilleur moment, c'est-à-dire pour que le moteur puisse utiliser au maximum l'énergie contenue dans l'essence, il est nécessaire que l'allumage de la masse gazeuse ait lieu à un moment parfaitement déterminé. Ce moment est fixé par le jeu d'appareils automatiques ou commandés, compris dans le système d'allumage, appareils dont nous parlerons plus tard. L'instant d'éclatement de l'étincelle se mesure généralement par l'angle que fait la manivelle du vilebrequin avec le plan vertical, à l'instant où l'étincelle jaillit.

Cet angle exprime l'avance à l'allumage : l'étincelle doit toujours, en effet, éclater avant que le piston n'arrive au point mort haut. L'avance à l'allumage, très variable suivant la vitesse du moteur et la forme de la culasse, oscille aux environs de 30 degrés et parfois davantage.

On l'exprime aussi en fonction de la distance où se trouve le fond du piston, au moment où l'étincelle éclate, du point mort supérieur ; cette distance est reliée à l'angle dont nous avons parlé, par une relation géométrique qui dépend de la longueur de la bielle et de la course du piston. C'est cette donnée qui est utile quand on règle l'avance à l'allumage au moyen d'une pige enfoncée dans le cylindre, et qui suit le mouvement du piston. L'avance est toujours indiquée dans les notices d'entretien des voitures. S'il n'y a aucune indication, on peut, comme première approximation, caler le point d'allumage exactement au point mort haut du piston (angle = 0), les appareils d'avance étant dans la position de retard maximum ; partant de cette position, des essais ultérieurs permettront de déterminer le point optimum.

De ce que nous venons de dire, il résulte que le courant destiné à produire l'étincelle doit avoir une très haute tension, une intensité suffisante, et être provoqué avec beaucoup de précision. De ces nécessités vont découler l'organisation et l'agencement des appareils d'allumage.

Pendant bien des années, l'allumage a été assuré au moyen d'une machine magnéto-électrique dite magnéto. L'usage des magnétos a pratiquement disparu pour les moteurs des voitures de tourisme. Aussi n'en parlerons-nous pas ici, nous contentant de décrire le système d'allumage le plus généralement employé dit par batterie et distributeur.

Transformateur et rupteur

Le courant dont nous disposons à la batterie d'accumulateurs a une tension faible (6 ou 12 volts). Il peut, par contre, avoir une intensité considérable, de l'ordre de plusieurs dizaines d'ampères.

Nous ne pouvons, par conséquent, l'utiliser tel quel pour l'allumage ; il faut , le transformer pour élever sa tension.

Nous avons vu précédemment comment est construit un transformateur et comment il fonctionne ; rappelons qu'un transformateur comporte deux circuits électriques enroulés autour d'un même noyau de fer doux. Dans un des circuits (circuit primaire), nous faisons passer le courant émanant de la source dont nous disposons et, dans le circuit secondaire, nous recueillons le courant que nous désirons utiliser. Mais n'oublions pas que, ainsi que nous l'avons indiqué à propos du transformateur, il faut, pour que cet appareil fonctionne, que le courant primaire soit alternatif, ou tout au moins qu'il soit variable. Or, nous ne disposons sur la voiture que de courant continu. Il va donc falloir créer un dispositif qui permette de faire varier l'intensité du courant continu dans le transformateur, afin de provoquer dans le secondaire un courant à haute tension.

Il y a bien des manières de transformer un courant continu en courant variable. La plus simple consiste à couper brusquement le courant qui circule dans l'enroulement inducteur : le passage d'une valeur déterminée du débit à zéro constitue la variation dont nous avons besoin. À cette variation brusque de courant dans le circuit primaire, va correspondre la création d'un courant à haute tension dans le circuit secondaire : c'est ce courant à haute tension que nous allons utiliser pour l'envoyer aux bougies.

Pour assurer l'allumage, nous devons donc disposer un appareil destiné à couper périodiquement le courant (appareil de rupture) et un transformateur (la bobine).

Mais ce n'est pas tout. Remarquons d'abord que, lorsqu'on rompt brusquement un circuit présentant, comme c'est le cas pour celui de la bobine, une self-induction[1], le courant ne s'annule pas instantanément ; il se prolonge par un courant dit extra-courant de rupture qui franchit l'espace où la section s'est produite sous forme d'une étincelle.

L'existence et le passage de l'extra-courant de rupture présentent deux inconvénients : d'abord, il empêche la rupture d'être brusque et, par conséquent, empêche la tension du courant secondaire d'être aussi élevée. D'autre part, le passage de ce courant sous forme d'étincelle entre les deux contacts du rupteur, provoque un entraînement de métal, donc une usure rapide de ces contacts.

Pour absorber l'extra-courant de rupture ou tout au moins l'empêcher autant que possible de passer entre les contacts, on dispose en parallèle, sur ceux-ci, un condensateur dans lequel cet extra-courant de rupture s'emmagasine en quelque sorte. Quand les contacts viennent par suite à se toucher de nouveau au cycle suivant, la charge du condensateur se détruit et l'appareil est prêt à fonctionner de nouveau.

---

[1] La self-induction en électricité est tout à fait analogue à l'inertie en mécanique ; elle produit les mêmes effets sur le courant que l'inertie produit sur le mouvement.

Le transformateur dont nous disposons est unique, c'est-à-dire qu'il n'y a qu'un circuit inducteur et qu'un circuit induit. Or, le moteur dont nous avons à assurer l'allumage comporte, en général, plusieurs cylindres : d'ordinaire quatre, souvent six et parfois même huit. Nous pourrions, il est vrai, avoir autant de transformateurs que de cylindres, chacun d'eux servant pour le cylindre auquel il est accouplé.

Cette solution a été utilisée longtemps dans les débuts de l'automobile ; mais il est beaucoup plus simple de ne conserver qu'un seul transformateur et de prévoir un appareil distributeur qui recevra à chaque instant le courant secondaire provenant du transformateur et l'enverra à la bougie du cylindre qu'il doit allumer.

L'appareil d'allumage va donc se compléter d'un distributeur.

Nous avons vu plus haut que le point d'allumage devait varier suivant la vitesse du moteur. Il est facile d'établir une loi au moins approximative de cette variation et de traduire cette loi dans un dispositif mécanique qui réalisera automatiquement le décalage de la rupture pour produire l'allumage au temps voulu.

Ce mécanisme s'appelle dispositif d'avance, ou parfois régulateur.

Il est incorporé dans l'appareil de rupture qu'il vient encore compliquer.

L'avance à l'allumage ne doit pas varier seulement avec la vitesse de rotation du moteur. Elle est fonction aussi de la charge qu'on impose au moteur. Elle doit être d'autant plus faible que cette charge est plus forte, c'est-à-dire que l'admission est plus ouverte. Là aussi, on peut réaliser automatiquement la variation d'avance, grâce à un correcteur à dépression qui viendra agir sur l'appareil de rupture' et qui sera commandé par la dépression qui existe à chaque instant dans la tuyauterie d'aspiration du moteur.

Enfin, comme le point d'avance dépend encore d'autres facteurs tels que qualité du combustible, température du moteur, état hygrométrique, etc., il convient de laisser au conducteur la possibilité de modifier à son gré le point d'avance. Aussi, prévoira-t-on un dispositif permettant au conducteur d'orienter, par la simple manœuvre d'une manette, tout le dispositif de rupture pour faire varier comme il convient le point d'avance. Ce dispositif est dénommé généralement correcteur d'avance, ou correcteur à main.

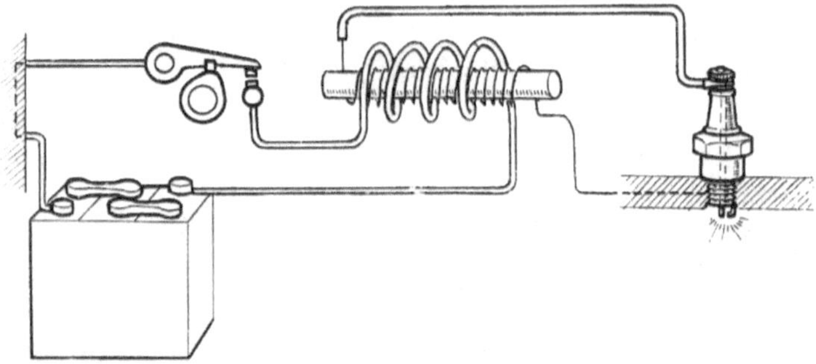

Fig. 3. — Schéma général de l'allumage ; batterie, rupteur, bobine et bougie.

Nous voilà donc devant un système assez complet qui comporte, comme nous l'avons montré, un dispositif de rupture monté en série sur le courant primaire ; un condensateur en parallèle sur les contacts du dispositif de rupture, un appareil d'avance (régulateur) placé sur l'axe de commande du rupteur, un correcteur à dépression permettant de décaler le point d'allumage, et enfin un dispositif à main agissant sur tout l'ensemble. Le courant primaire se rendra dans le transformateur qui est en général distinct de la tête d'allumage. Celle-ci comporte, en outre, un appareil distributeur qui enverra le courant secondaire au cylindre qui se trouve au temps d'allumage.

Tous ces appareils, sauf la bobine, sont groupés en un ensemble qui s'appelle tête d'allumage. La tête d'allumage est montée sur le moteur et entraînée par lui à une vitesse qui est la moitié de la vitesse du vilebrequin.

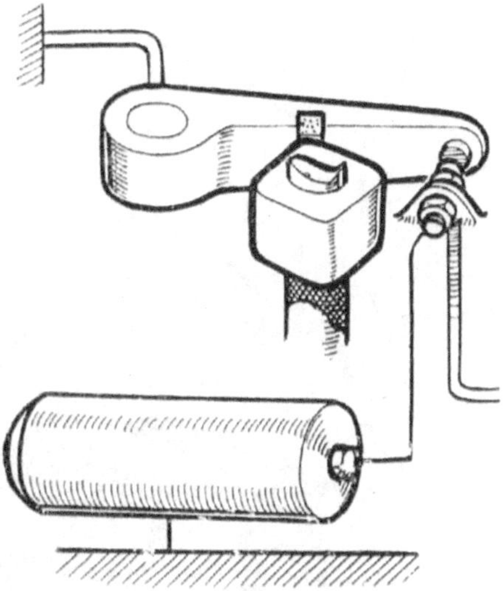

Fig. 4. — Le condensateur monté en dérivation sur le rupteur.

N'oublions pas, en effet, que les moteurs d'automobiles sont des moteurs à quatre temps, c'est-à-dire que chacun de leurs cylindres n'allume qu'une fois tous les deux tours du moteur, c'est-à-dire une fois pour chaque tour de la tête d'allumage. La rupture devra, par conséquent, se produire au primaire autant de fois par tour que le moteur comporte de cylindres.

Le distributeur comportera de même autant de plots que le moteur comporte de cylindres.

Ceci dit, examinons avec un peu plus de détail chacun des appareils d'allumage.

La tête d'allumage

La tête d'allumage comporte un carter ou boîtier de forme cylindrique, terminé vers le bas par une queue également cylindrique et fermé à la partie supérieure au moyen d'un couvercle en matière isolante. À l'intérieur de cette boîte tourne un arbre vertical qui se termine en bas à l'extérieur par une commande à tournevis ; remarquons

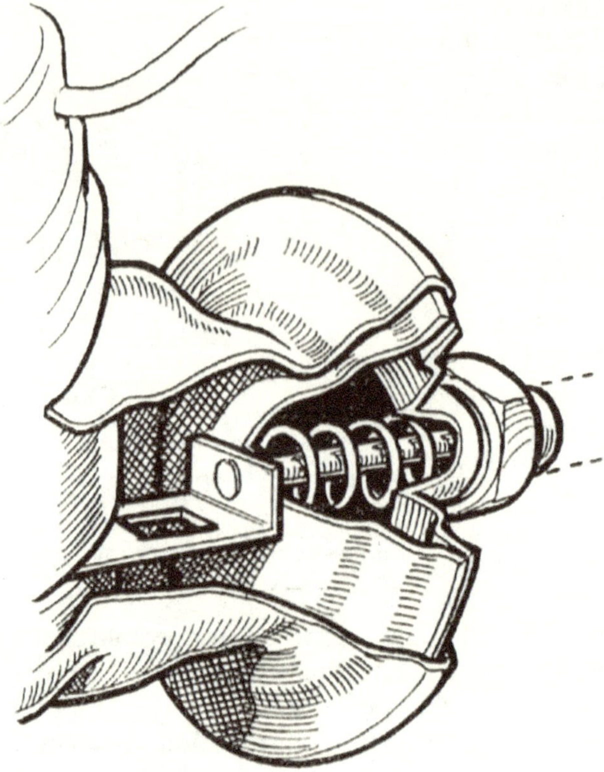

Fig. 5. — Commande d'avance à l'allumage par dépression.

tout de suite que la fente du tournevis est excentrée par rapport à l'arbre, de telle sorte que, quand on retire la tête d'allumage, il soit inutile de repérer la position de l'axe qui ne peut se monter, par rapport à l'arbre de commande, que sur une seule position.

À ce propos, cependant, une remarque. Dans la généralité des moteurs, l'arbre qui commande la tête d'allumage est lui-même entraîné par l'arbre à cames du moteur, et il est souvent situé dans le prolongement de l'arbre de commande de la pompe à huile ; pour des raisons de facilité de construction, cet arbre est en deux pièces. L'une est fixée à demeure dans le carter même du moteur ; l'autre vient s'embecqueter dans un tournevis pratiqué à l'extrémité supérieure de l'arbre du carter.

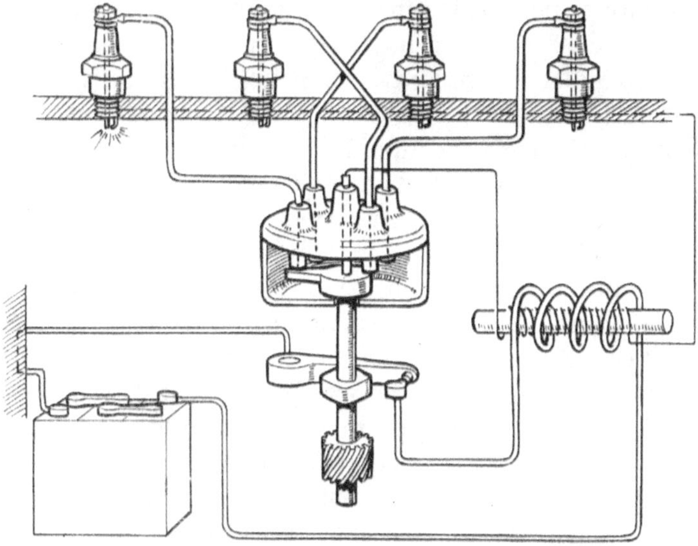

Fig. 6. — Ensemble des appareils d'allumage d'un moteur à quatre cylindres.

Ce tournevis, contrairement à celui de la tête d'allumage, est symétrique. Cet arbre intermédiaire n'est tenu à sa place que quand la tête d'allumage est elle-même fixée ; il en résulte que, quand on démonte la tête d'allumage, l'arbre intermédiaire sort quelquefois de son logement. Si on le retire sans précaution, on peut le faire tourner d'un demi-tour. On s'apercevra alors, au moment du remontage de la tête d'allumage, qu'on ne peut plus, faire correspondre les plots du distributeur avec les cylindres qui doivent s'allumer, sans faire tourner la tête d'allumage d'un demi-tour ; il convient donc de s'assurer, quand on démonte la tête d'allumage, que l'arbre d'entraînement est bien resté dans son logement. S'il en est sorti, il faut l'y remettre immédiatement, en ayant soin de ne pas le faire tourner.

Revenons à la tête d'allumage. Son arbre se termine à la partie supérieure par le plateau portant deux tétons. Dans le prolongement de l'arbre se trouve l'arbre du rupteur qui est séparé du précédent par le régulateur.

Le régulateur est formé par deux masselottes que des ressorts tendent à ramener près du centre. Quand l'ensemble tourne, la force centrifuge fait écarter les masselottes : comme celles-ci portent l'organe d'entraînement de l'arbre du rupteur, celui-ci se trouve plus ou moins décalé par rapport à l'arbre de la tête d'allumage.

Ne nous appesantissons pas davantage sur le régulateur qu'on n'a pas, en principe, à démonter. Disons simplement, pour en finir avec lui, qu'il n'est sujet qu'à un très petit nombre de pannes. Un de ses ressorts peut casser, chose d'ailleurs fort rare et exceptionnelle : on s'en apercevra parce que l'allumage se dérègle et prend une avance exagérée. À la longue, les ressorts peuvent également se ramollir, ce qui se traduit encore par un excès d'avance à l'allumage.

Si une telle éventualité se produit, on devra retourner la tête d'allumage tout entière à son constructeur, pour qu'il remplace les ressorts par des ressorts convenablement tarés. Il est essentiel, en effet, de ne pas mettre n'importe quoi comme ressorts, sans quoi la forme de la courbe d'allumage serait complètement détruite.

L'arbre du rupteur, qui débouche à la partie supérieure de la tête, porte une came à 4, 6 ou 8 bossages, suivant le nombre des cylindres du moteur ; sur un plateau solidaire du carter est disposé un linguet portant un touchau en fibre qui vient reposer sur la came, ou tout au moins qui se trouve à proximité de celle-ci : c'est le rupteur. L'axe du rupteur est vertical, et le rupteur est ramené vers la came par un ressort ; ce rupteur porte un grain de contact en tungstène qui vient, au repos, s'appuyer sur un grain fixe porté lui-même par le plateau, mais isolé par rapport à lui. Le courant primaire passe par ces deux contacts et se trouve rompu par conséquent quand les contacts se séparent. Le rupteur est réglé de telle façon que, quand un bossage de la came vient soulever le touchau, les grains s'écartent. Leur écartement normal est de 4/10 de millimètre. Il est très facile de régler l'écartement des grains de contact, et ce réglage doit être fait avec beaucoup de soin, car il a une grande influence sur la régularité de marche du système d'allumage. Nous verrons tout à l'heure pourquoi.

Pour faire un réglage, rien de plus facile : le rupteur est porté en effet par une petite platine qui est assemblée sur le plateau fixé au moyen de deux vis : une vis de blocage et une vis à tête excentrée. Pour effectuer le réglage, on fait tourner le moteur à la main, de façon à amener un bossage sous le touchau. On desserre la vis de blocage et, en agissant avec précaution sur la vis à tête excentrée, on rapproche ou on écarte l'un de l'autre les deux contacts. Au moyen d'une jauge de 4/10 de millimètre d'épaisseur, on mesure l'écartement des contacts et on arrête la manœuvre sur la vis excentrée quand cet écartement est obtenu. On serre de nouveau la vis de blocage. On vérifie que, pendant cette opération, l'écartement n'a pas changé et le rupteur est réglé.

Sur les deux contacts du rupteur, sont montées, comme nous l'avons dit, les deux armatures du condensateur. Il y a lieu de remarquer, à ce propos, que le grain isolé (c'est le grain fixe), est en relation avec une borne venant du pôle positif de la batterie d'accumulateurs par l'intermédiaire du circuit primaire de la bobine. L'autre grain est en contact avec la masse. Le courant passe donc par le primaire de la bobine, puis par les deux contacts lorsqu'ils se touchent, et retourne à la masse.

Pour cette raison, l'une des deux armatures du condensateur est, elle-même, mise à la masse par l'enveloppe métallique qui contient le condensateur. Le condensateur se présente sous la forme d'un petit cylindre de 0,05 m de long et d'à peu près 2 centimètres de diamètre, qui est fixé au moyen d'une patte et d'une vis sur le boîtier de la tête d'allumage. Un fil isolé vient s'attacher sur une borne également isolée qui sort de l'une des bases du cylindre et vient, d'autre part, en contact avec la borne d'arrivée du courant.

La tête d'allumage est fermée par une sorte de couvercle fixé au moyen de deux ressorts, couvercle qui constitue une partie du distributeur ; au-dessus de la came, en effet, est disposée une pièce mobile, dite balai rotatif, qui est simplement enfoncée dans une encoche. Le couvercle, qui est en matière isolante moulée, comporte autant de plots en bronze que le moteur a de cylindres. Ces plots sont disposés concentriquement tout autour de la périphérie. Il y a en plus un plot central qui est en relation avec le secondaire de la bobine. Le balai rotatif, qui est, lui aussi, en matière moulée, comporte une extrémité métallique qui est reliée à un petit ressort plat, lequel, quand l'appareil est complètement monté, vient s'appuyer sur le plot central du couvercle ; le courant secondaire de la bobine arrive donc constamment sur le balai rotatif.

L'extrémité tournante de celui-ci passe en regard des plots fixes, mais sans les toucher : il en est séparé, en effet, par quelques dixièmes de millimètre. Le courant secondaire, dont la tension est très élevée, saute ainsi depuis le balai rotatif jusqu'au plot qui se trouve en face de lui, et se rend de là à la bougie du cylindre correspondant.

Du distributeur sortent donc autant de fils que le moteur a de cylindres,plus un autre fil qui se rend à la bobine et dont la fonction, nous l'avons vu, est d'amener le courant secondaire.

Ces 5 ou 7 fils sont en cuivre câblé, entouré de plusieurs couches de caoutchouc et très souvent gainés dans du

« soupliso ». L'isolant doit, en effet, pouvoir résister à une tension élevée et ne permettre en aucun cas au courant secondaire de le traverser.

Les fils qui amènent le courant primaire, au contraire, sont plus gros ; mais leur isolement est beaucoup plus réduit, puisque la tension du courant primaire est celle de la batterie, soit 6 ou 12 volts.

La tête d'allumage comporte, en outre, dans certains cas tout au moins, un dispositif correcteur commandé par dépression. Dans ce cas, le plateau qui porte le rupteur n'est plus fixe dans le boîtier de la tête d'allumage ; il peut, au contraire, se déplacer et tourner concentriquement à l'axe général du système.

Sur le côté du boîtier est disposé un petit cylindre en relation avec la tuyauterie d'aspiration ; dans ce cylindre est placé un piston dont la tige est articulée sur le plateau. Un ressort tend à ramener le piston à fond de course, c'est-à-dire à l'éloigner le plus possible du fond du cylindre : c'est la position d'avance maximum.

Quand le moteur tourne sous faible charge, il y a une dépression considérable dans la tuyauterie d'aspiration, dépression qui agit dans le petit cylindre correcteur : le piston est attiré et décolle dans ce mouvement le plateau porte-rupteur.

Dans certains modèles, et de plus en plus maintenant, le système cylindre-piston est remplacé par une boîte à membrane dont l'action est exactement la même que celle du cylindre et du piston que nous venons de décrire.

La tête d'allumage est montée sur le moteur dans un alésage cylindrique où elle peut librement tourner. Un plateau à pince, monté également sur le moteur, vient serrer un bossage de la tête d'allumage.

Cette pince est en relation, d'autre part, avec une manette placée à la disposition du conducteur ; quand on agit sur la manette, la pince se déplace angulairement, entraînant avec elle tout le boîtier de la tête d'allumage et permettant ainsi de modifier l'avance à l'allumage.

Bobine ou transformateur

La bobine a une composition très simple : sur un noyau central en fer doux est enroulé un circuit de fil très fin (quelques centièmes de millimètre de diamètre). C'est le circuit secondaire qui comporte plusieurs milliers de tours. Autour du circuit secondaire est enroulé un autre circuit de fil plus gros (8/10 de millimètre de diamètre environ), qui constitue le circuit primaire et comporte seulement quelques centaines de tours. Les deux extrémités du circuit primaire sont respectivement en relation avec deux bornes placées sur le couvercle de la bobine : l'une des extrémités du circuit secondaire est en communication plus ou moins directe avec la masse ; l'autre aboutit à un plot placé au centre du couvercle de la bobine. Le tout est enrobé dans une matière isolante et enfermé dans un cylindre en tôle pourvu d'une patte au moyen de laquelle la bobine peut être fixée, soit sur les cylindres du moteur, soit parfois sur la planche-tablier de la voiture.

Sur certains modèles de bobines, le circuit primaire se complète d'une résistance en fer montée en série avec l'enroulement, résistance placée à l'extérieur de la bobine. Le rôle de cette résistance est de diminuer ce qu'on appelle la constante de temps, ce qui permet au courant de s'établir plus rapidement dans le primaire. L'usage des résistances tend d'ailleurs de plus en plus à disparaître.

On peut se demander pourquoi l'enroulement primaire est à l'extérieur de la bobine. La raison en est la suivante : quand le moteur est arrêté avec les grains du rupteur en contact, si on n'a pas pris soin de couper le courant primaire au moyen de l'interrupteur dénommé contact, il passe dans le circuit primaire un courant d'une intensité assez élevée (de l'ordre de 2 à 4 ampères, suivant la tension, et parfois davantage) ; ce courant se transforme complètement en chaleur dans le circuit primaire. Pour éviter que la bobine ne soit mise hors d'usage par un passage prolongé de ce courant, il faut donc refroidir autant que faire se peut le circuit primaire, ce qu'on fait en le plaçant aussi près que possible de l'enveloppe métallique de la bobine qui est elle-même en contact avec une paroi métallique du moteur. De la sorte, si l'on oublie de couper le contact quand le moteur est arrêté, réchauffement de la bobine est beaucoup moins fort qu'il ne le serait avec l'enroulement primaire au centre, et il ne se produit, en général, aucun effet fâcheux pour la bobine.

Il peut arriver qu'on ne puisse pas remettre en route, soit parce que la batterie est plus ou moins vidée, soit aussi parce que la bobine trop chaude a perdu de sa puissance. Mais il suffit toujours de laisser refroidir, en coupant naturellement le contact et en activant au besoin le refroidissement par une application de chiffons mouillés à l'extérieur de la bobine. Après quelques instants, on peut, en général, mettre le moteur en route, sinon avec le démarreur, mais tout au moins avec la manivelle.

C'est là un progrès important dans la fabrication des bobines d'allumage. Autrefois, en effet, quand on oubliait le contact pendant plusieurs heures sur une bobine, on avait toute chance de la griller complètement. Actuellement, il n'en est plus ainsi, et les constructeurs imposent d'ordinaire aux fabricants de bobines, dans leurs cahiers des charges, que ces appareils puissent supporter sans être détériorés le passage du courant dans le circuit primaire pendant un temps assez long correspondant à l'épuisement complet de la batterie.

Temps d'établissement du courant

Pour bien comprendre la nécessité du réglage correct de l'écartement des grains de contact du rupteur, il est nécessaire de chercher à se rendre compte exactement de ce qui se passe dans l'enroulement primaire de la bobine, depuis le moment où le contact est établi jusqu'à celui où il est rompu.

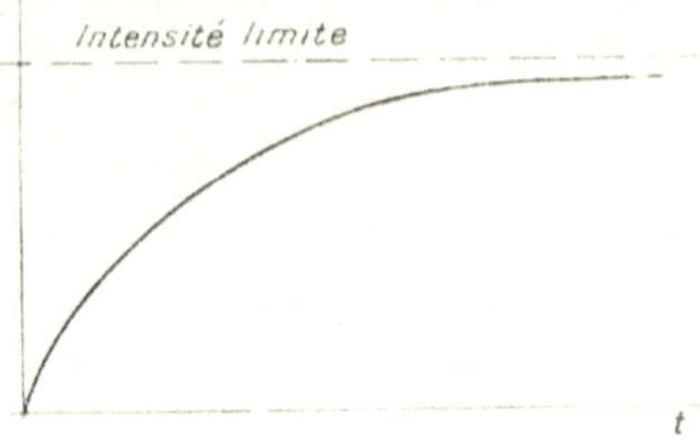

Fig. 7. — Loi d'établissement du courant dans le primaire d'une bobine alimentée par batterie.

Cet enroulement possède une grande self-induction (la self-induction est en électricité l'analogue de l'inertie en mécanique). Dans un circuit possédant une forte self-induction, un courant ne s'établit qu'avec une certaine lenteur, et n'atteint sa valeur maximum qu'après un temps dont la durée n'est nullement négligeable.

Au moment où les contacts du rupteur se réunissent, le courant des accumulateurs est lancé dans le circuit primaire de la bobine. Si nous représentons par une courbe la variation d'intensité de ce courant en fonction du temps, nous obtenons une figure telle que la figure 7 : le courant qui part de zéro augmente progressivement et finit, au bout d'un certain temps, par atteindre sa valeur maximum, qui est déterminée par la résistance ohmique du circuit. Si cette résistance est égale par exemple à 4 ohms et si le circuit d'allumage est alimenté par une batterie à 6 éléments (12 volts), l'intensité maximum sera de 3 ampères (loi d'Ohm). Si donc les grains du rupteur se séparent après un temps assez long, il y aura un courant d'une intensité de 3 ampères sous 12 volts, soit d'une puissance de 36 watts, qui se trouvera coupé, engendrant, dans le circuit secondaire, un courant d'une puissance du même ordre, quoique inférieure, parce que la bobine n'a pas un rendement égal à l'unité.

Mais, si le contact des grains dure moins longtemps et si la rupture a lieu après un temps *t* (voir fig. 8), l'intensité du courant ne sera que de 2 ampères et, par suite, l'énergie du courant secondaire sera moindre que tout à l'heure. Elle sera encore plus petite si les grains de tungstène s'ouvrent encore plus tôt, par exemple au temps *t'*.

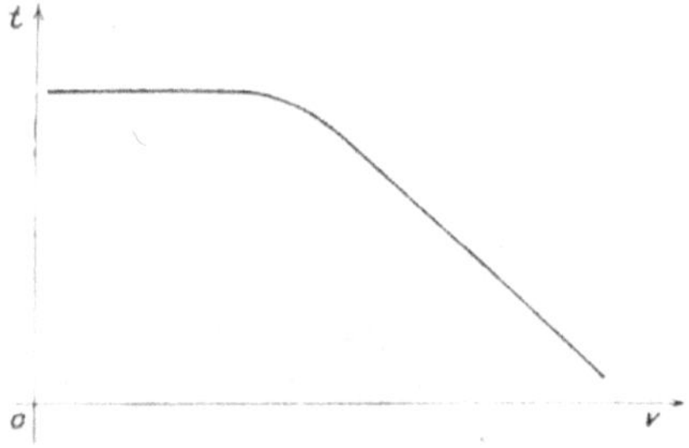

Fig. 8. — Loi de variation du courant secondaire d'une bobine suivant la vitesse du moteur.

Il pourra arriver, si le courant primaire a trop peu de temps pour s'établir, que l'énergie dans le secondaire de la bobine soit insuffisante pour que le courant secondaire puisse franchir l'intervalle des pointes des bougies. Il y aura ratés d'allumage. Le temps laissé au courant pour s'établir dans le circuit primaire est naturellement d'autant moindre que le moteur tourne plus vite. Il est également d'autant plus petit que, lors de la rupture, les grains de tungstène se trouvent plus écartés l'un de l'autre. La figure 9 le montre nettement.

Si donc les grains dépassent largement l'écartement pour lequel la bobine a été construite, l'allumage cessera dès que le moteur aura atteint une certaine vitesse. Dans la réalité, cela se traduira par une série de ratés au-dessus d'un certain régime du moteur.

Cette difficulté d'obtenir une énergie suffisante dans l'enroulement de la bobine pendant le temps très court qui est alloué au courant primaire pour s'installer a été l'une des principales qu'on a rencontrées dans l'organisation de l'allumage par batterie. Ce n'est pas ici le lieu de voir comment on y a paré. Indiquons cependant que, si on laisse

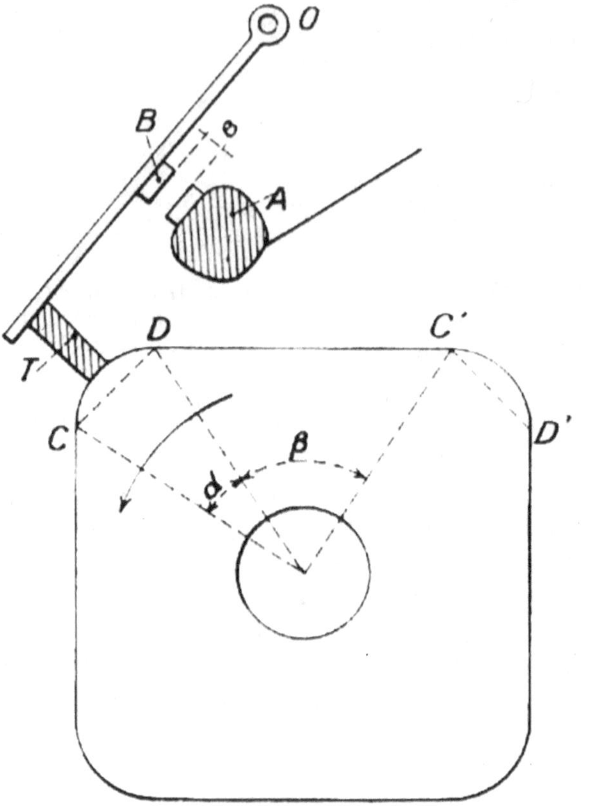

Fig. 9. — Schéma d'un dispositif de rupture.

O, point fixe ; — A, grain fixe ; — B, grain mobile ; — e, écartement maximum des grains ; — T, touchau ; — CD, C'D', parties de la came correspondant à la rupture ; — α, angle de rupture ; — p, angle d'établissement du courant.

absorber à la bobine un courant plus intense en diminuant la résistance du circuit inducteur, on aura plus d'énergie, à temps d'établissement égal, qu'avec un courant plus faible, d'où une solution qui se présente immédiatement à l'esprit. Mais elle n'est pas sans inconvénient, car, si le circuit primaire a une résistance insuffisante, la bobine va laisser passer un courant considérable et ses enroulements sont exposés à chauffer quand le moteur tournera lentement, et plus encore si, par inadvertance, on oublie de couper le courant à l'arrêt. On a tourné la difficulté en augmentant la résistance de l'enroulement primaire par l'adjonction d'une résistance supplémentaire ne possédant pas de self : la constante de temps de la bobine, c'est-à-dire le temps nécessaire pour que le courant primaire s'établisse, se trouve ainsi améliorée, et c'est pourquoi un certain nombre de types de bobines d'allumage comportent une résistance extérieure généralement en fil d'acier.

L'amélioration de la qualité des isolants, les soins plus grands apportés dans le refroidissement des bobines, permettent maintenant très généralement de s'affranchir de la nécessité d'employer cette résistance extérieure qui disparaît peu à peu dans la construction des bobines.

La consommation de courant primaire de la bobine est naturellement très différente, suivant que le moteur est arrêté ou qu'il marche.

Avec l'exemple que nous avons pris plus haut, on voit qu'à l'arrêt, il passera trois ampères dans le primaire de la bobine ; mais, en marche, cette consommation va se trouver fortement réduite, et cela, pour deux raisons :

D'abord le courant ne passe dans le primaire que d'une façon intermittente, et il est coupé chaque fois que la came écarte les grains platinés ; pour un tour de la came d'allumage, le courant ne restera établi par exemple que pendant les deux tiers de ce tour environ, d'où une réduction déjà sensible de l'énergie absorbée.

Mais la cause principale qui diminue l'énergie absorbée par la bobine, c'est précisément le retard dans l'établissement du courant primaire, dont nous avons parlé tout à l'heure. En réalité, dans une bobine dont le primaire peut laisser circuler trois ampères, le courant se trouve coupé en marche normale du moteur, alors que l'intensité réelle au moment de la rupture est nettement inférieure à cette valeur.

Ce fait est facilement vérifiable, quand on observe l'aiguille de l'ampèremètre d'une voiture au moment où on met le moteur en marche. Avant la mise en marche, l'aiguille s'incline fortement du côté décharge ; elle oscille d'une façon appréciable quand le moteur tourne à l'extrême ralenti, et se relève sensiblement en se confondant presque avec le zéro quand l'allure du moteur augmente (on suppose, bien entendu, que le disjoncteur reste ouvert pour cette expérience).

Retenons de ce que nous venons d'exposer qu'en cas d'insuffisance dans l'énergie du courant primaire, il y a également insuffisance du courant secondaire. Nous allons en tirer une autre conséquence qui va expliquer pourquoi, dans bien des cas, on a des difficultés de mise en route du moteur quand la batterie est peu chargée, ou bien quand le démarreur absorbe un courant trop intense (démarrage avec de l'huile épaisse pendant l'hiver, par exemple).

Quand le démarreur est en circuit, il absorbe un courant qui est de l'ordre de 200 ou 300 ampères au moment du coup de collier. Si la résistance intérieure de la batterie d'accumulateurs est par exemple de 1/100 d'ohm, il est facile de calculer la tension qui reste disponible à ses bornes dans ces conditions. On voit qu'au lieu des 12 volts théoriques, cette tension descend aux environs de 9 volts ; il ne passe donc à ce moment, dans le primaire de la bobine, qu'un courant dont l'intensité est affaiblie proportionnellement à la tension. Et il peut se faire que le courant secondaire ait une valeur trop faible pour provoquer des étincelles : il y a impossibilité de mise en marche, bien que le démarreur entraîne le moteur et que tout soit en ordre du côté carburation. Il suffira, dans ces conditions, de se servir de la manivelle de mise en route, pour provoquer immédiatement une explosion qui entraînera la mise en marche du moteur :

c'est qu'en effet on n'utilise plus le démarreur et, par suite, la tension de la batterie est remontée à sa valeur normale, donnant à l'allumage toute son énergie.

On peut remédier à cet état de choses, soit en employant une batterie de plus forte capacité, donc de moindre résistance intérieure, dont la tension restera plus élevée quand elle débitera sur le démarreur, ou plus simplement en rapprochant les pointes des bougies. Dans ces conditions, le courant secondaire pourra, pour une tension beaucoup moindre, franchir l'intervalle qui se trouvera réduit par exemple de moitié.

Le rapprochement des pointes de bougies, en cas de départ difficile, était un expédient bien connu et souvent pratiqué quand on utilisait des magnétos pour l'allumage et que la puissance de celles-ci se trouvait accidentellement réduite. On doit y penser encore aujourd'hui.

Le départ peut également être rendu difficile par le fait que les bougies sont plus ou moins encrassées. Quand une bougie est encrassée, cela signifie que son isolant est recouvert d'une couche plus ou moins épaisse de produits conducteurs constitués par du charbon très divisé qui s'est déposé sur sa surface. Le courant secondaire trouve par suite un chemin de moindre résistance, en passant par la couche conductrice déposée sur l'isolant.

Si ce courant secondaire n'a qu'une faible tension et une faible intensité, il passera tout entier par la couche conductrice, sans donner d'étincelles aux bougies. Par contre, s'il y a beaucoup d'énergie au secondaire de la bobine, on pourra, malgré un encrassement partiel des bougies, obtenir tout de même une étincelle.

Il peut arriver que l'isolant de la bougie soit rendu conducteur, non plus par une couche charbonneuse, mais bien par l'humidité qui a pu se déposer sur la bougie à l'intérieur du cylindre : c'est un cas assez fréquent pendant l'hiver ; l'humidité peut aussi agir à l'extérieur du cylindre, en mouillant la partie externe de l'isolant des bougies : cas très fréquent lorsqu'un temps humide succède à un temps très froid, la voiture ayant séjourné plusieurs heures au garage. Dans tous ces cas, on aura toujours intérêt à remplacer les bougies qui sont sur le moteur par un jeu de bougies neuves : 95 fois sur 100, on obtiendra un départ immédiat.

Si l'on n'a pas de bougies neuves, on démontera les bougies supposées humides. On les fera chauffer, par exemple, dans le four d'un fourneau de cuisine et, après quelques minutes, elles seront remontées sur le moteur et permettront un départ facile.

Chapitre VIII

La batterie d'accumulateurs

La batterie d'accumulateurs est, ainsi que nous l'avons vu, le réservoir d'énergie électrique où l'on puise pour les besoins de la voiture. Ce réservoir est maintenu plein par le jeu de la dynamo lorsque le moteur tourne. Mais, à l'arrêt, c'est à la batterie seule que l'on peut avoir recours et pour l'allumage et pour le démarrage, ou même pour l'éclairage des feux de position de la voiture immobile.

Il est donc essentiel que la batterie soit complètement chargée en tout temps. Nous verrons que c'est là la préoccupation principale de ceux qui ont établi l'équipement électrique de la voiture, préoccupation qui doit être partagée par l'automobiliste lui-même.

Constitution d'un élément d'accumulateur

On dit généralement qu'un accumulateur emmagasine de l'électricité : cette façon de parler ne correspond pas à la réalité. Un accumulateur est un organisme qui comporte un certain nombre de corps conducteurs, métaux, oxydes, liquides, qui entrent en réaction sous l'effet du passage du courant électrique. Les réactions qui se produisent lors du passage du courant dans le sens de la borne + à la borne – (à l'intérieur de l'élément) s'appellent la *charge de l'accumulateur.*

Si l'on fait cesser le passage du courant, toute réaction doit s'arrêter dans l'élément. Dans la pratique, cela n'est pas absolument exact et certaines réactions se produisent à une vitesse tout à fait ralentie. Mais, si l'on réunit par un fil conducteur les deux bornes de l'accumulateur, qui sont reliées elles-mêmes chacune à un des éléments constitutifs, on constate que les réactions inverses de la réaction de charge se produisent au sein du bac et que ces réactions sont accompagnées de la production d'un courant électrique qui, à l'intérieur du bac, va de la borne – à la borne + : on dit alors que l'accumulateur se décharge ; les réactions de décharge devraient s'arrêter quand on rompt le circuit extérieur. En réalité, elles se continuent au ralenti de telle sorte qu'un accumulateur se décharge très lentement à circuit ouvert.

On peut faire appel, pour constituer un accumulateur électrique, à un grand nombre d'associations de métaux, d'oxydes, de sels et de liquides. Dans la pratique, on s'est arrêté à deux types d'éléments dont l'un est utilisé sur la presque totalité des voitures automobiles et est connu sous le nom d'accumulateur au plomb ; c'est le seul dont nous nous occuperons avec quelque détail.

Un accumulateur au plomb est constitué en principe par deux plaques en plomb, comportant toutes les deux des alvéoles qui sont remplies d'oxyde ou de plomb à l'état spongieux ; ces plaques sont isolées l'une de l'autre et plongent toutes les deux dans un liquide formé d'un mélange d'acide sulfurique pur et d'eau distillée ; ce liquide porte le nom d'électrolyte. Quand on fait passer du courant dans un accumulateur, courant qui dans l'intérieur du bac circule alors du pôle + au pôle –, on constate que la plaque réunie au pôle + dite plaque positive se transforme en peroxyde de plomb qui a une couleur brune, tandis que la plaque négative se transforme en plomb pur spongieux et prend par suite une couleur métallique bleutée.

En même temps, les sulfates qui existaient dans le sein des plaques se décomposent, donnant naissance à de l'acide sulfurique qui se dissout immédiatement dans l'électrolyte.

La charge est terminée quand tout le métal de la plaque positive est transformé en peroxyde, et tout le métal de la négative est transformé en plomb spongieux.

Pendant la charge, on voit donc que la teneur en acide de l'électrolyte augmente progressivement. La charge étant terminée, si l'on réunit les deux bornes par un conducteur extérieur, l'acide de l'électrolyte attaque simultanément les éléments des deux plaques, en formant de part et d'autre du sulfate de plomb.

Une partie de l'acide de l'électrolyte se fixe donc sur les plaques et, par conséquent, la teneur en acide diminue jusqu'à décharge complète.

Si, en même temps, on observe ce qui se passe du point de vue électrique aux bornes de l'élément, on constate que, pendant la charge, la tension aux bornes se tient entre 2,1 v et 2,5 v, pour atteindre, tout à fait en fin de charge, une valeur voisine de 2,6 v (au maximum). Dès que la charge est interrompue, la tension aux bornes redescend immédiatement à 2 volts ou 2,1 v environ.

Pendant la décharge sur un circuit relativement résistant, la tension se fixe aux environs de 2 volts, et y reste pendant une bonne partie de la décharge. Elle baisse progressivement jusqu'à 1,9 v, très lentement, puis brusquement elle descend à 1,8 v et même plus bas, si on continue la décharge : l'élément est alors dit déchargé. On voit en somme qu'un élément d'accumulateur est utilisable à la décharge entre 2 volts et 1,85 v environ. Pour la charge, au contraire, il faut disposer d'une source qui fournisse au moins 2,6 v par élément.

Pour l'utilisation sur voiture, on constitue avec les éléments ce qu'on appelle des batteries : on met en série 3 ou 6 éléments et on a ainsi des batteries dont la tension est d'environ 6 ou 12 volts. Ces tensions de 6 ou 12 volts ne sont naturellement qu'approximatives, puisqu'elles varient suivant que la batterie est en charge ou en décharge, et même avec la durée de la charge ou de la décharge. Au lieu de dire installation à 6 ou 12 volts, il serait par conséquent plus correct de dire installation à 3 ou 6 éléments de batterie au plomb.

Capacité

Quand on prend une batterie d'accumulateurs bien chargée et qu'on la fait débiter sur un circuit extérieur où on a intercalé un ampère-mètre, on constate, si on a réglé le courant pour que la décharge complète se fasse en dix heures, que la batterie a débité pendant ces dix heures un courant d'une intensité de N ampères ; on dit que la capacité de la batterie est égale à 10 N ampères-heure. Si on refait l'expérience en réduisant de moitié la résistance du circuit extérieur, ce qui obligera la batterie à fournir un courant de 2 N ampères, on constate que la batterie est déchargée en moins de cinq heures.

Si, au contraire, on fait débiter la batterie sur un circuit de résistance double en lui faisant fournir par suite un courant de N/2 ampères, on constate ra que la durée de la décharge complète est supérieure à vingt heures.

La capacité d'une batterie n'est donc pas une grandeur fixe, mais varie au contraire avec le temps pendant lequel la batterie se décharge ou, si l'on préfère, avec l'intensité du courant qu'on lui fait débiter.

On est convenu d'appeler capacité d'une batterie la capacité correspondant à la décharge en dix heures, sous intensité constante ; on utilise sur les voitures automobiles des batteries dont la capacité va de 35 ampères-heure jusqu'à 100 ou même 120 ampères-heure.

Une batterie d'une capacité de 50 ampères-heure sera par conséquent une batterie capable de débiter 5 ampères pendant dix heures ; mais, si on lui fait débiter 50 ampères, on constatera qu'elle est vide en moins d'une demi-heure. Si on lui fait débiter 200 ou 300 ampères sur un démarreur par exemple, elle se videra en quelques minutes.

Repos des batteries

Nous devons, en ce moment, attirer l'attention sur un phénomène très intéressant, parce que susceptible d'application, qui se produit lorsqu'on laisse reposer une batterie qui vient de subir une forte décharge.

On constate que la tension aux bornes, qui, pendant la décharge, était descendue par exemple à 1,8 v, remonte à peu près instantanément à 2 volts quand la batterie cesse de travailler, et si, après quelques minutes de repos, on fait de nouveau travailler la batterie, la tension sera supérieure à ce qu'elle était à la fin de la décharge précédente. Il semble que la batterie ait récupéré une certaine énergie pendant son repos. En réalité, voici ce qui se passe.

Nous avons vu que l'énergie électrique que la batterie est susceptible de produire accompagne la réaction chimique de sulfatation des plaques ; cette sulfatation, par le contact de l'électrolyte avec les plaques, se produit naturellement d'abord à la surface de celles-ci, et également à l'intérieur des pastilles qui constituent les plaques où l'électrolyte pénètre avec une certaine lenteur ; au moment où une décharge importante a été provoquée, l'électrolyte, qui est en contact intime avec les éléments qui viennent d'agir, se trouve par suite très pauvre en acide sulfurique, puisque l'acide vient d'être transformé en sulfate : d'où baisse considérable de tension.

Si on laisse la batterie au repos, la diffusion de l'acide contenu dans le reste de l'électrolyte se fait normalement à l'intérieur même des plaques, dont les éléments se trouvent de nouveau en contact avec de l'acide plus concentré : d'où élévation de la tension et possibilité de fournir de nouveau un courant plus important.

Cette propriété doit être connue des automobilistes qui peuvent l'utiliser lorsqu'une batterie se révèle défaillante, lors d'un démarrage pénible, par exemple.

Si un moteur est difficile à démarrer et si la batterie n'arrive plus à tourner le démarreur, il suffit généralement de la laisser reposer pendant quelques minutes avant d'essayer une nouvelle tentative de lancement pour que de nouveau elle soit capable de mettre en route.

Pourquoi les batteries meurent

La durée de la batterie d'accumulateurs pour voiture automobile est loin d'être indéfinie. On estimait, il y a quelques années, qu'une batterie qui avait fait dix-huit mois d'usage pouvait être considérée comme normale et que, si elle fonctionnait pendant deux ans, c'était une excellente batterie. Grâce aux progrès effectués dans leur construction, les accumulateurs actuels ont une durée plus longue, et on peut considérer un usage de trois ans comme possible avec une batterie de bonne qualité, convenablement entretenue ; encore faut-il, pour cela, éviter les causes de destruction systématique de la batterie qui ont tendance à agir pour la moindre négligence de l'automobiliste.

Nous allons indiquer les plus fréquentes et les plus graves d'entre ces causes. Nous dirons ensuite quels sont les soins périodiques et réguliers qui doivent être donnés aux batteries d'accumulateurs en service ou au repos.

Après, nous allons dire quelques mots de l'installation des batteries sur les voitures.

Montage des batteries. Connexions

Les batteries d'accumulateurs ont, pendant trop longtemps, occupé sur les voitures une position telle que leur entretien était rendu difficilement possible : on les logeait quelque part dans le châssis, sous le plancher du véhicule, et un démontage long et fastidieux était nécessaire pour y accéder.

Dans les voitures modernes, un grand progrès a été fait de ce point de vue, et on ne trouve pratiquement plus que trois positions pour la batterie d'accumulateurs.

Elle peut se placer directement sous un des sièges, à l'intérieur du châssis. Dans ce cas, on y accède en enlevant le siège et un couvercle tenu sur le plancher par des tourniquets.

On la trouve sur les voitures Peugeot, tout à l'avant du châssis, en avant du radiateur : on y accède en enlevant la calandre du radiateur et la plaque de tôle de protection qui est fixée par deux vis à oreilles.

Enfin, sur les voitures Citroën et Renault par exemple, la batterie se trouve sous le capot, soit sur les longerons, soit plus généralement dans le bouclier ; elle est alors directement accessible par simple ouverture du capot.

Il importe que la batterie soit solidement fixée sur son support, de façon qu'elle ne puisse, en aucun cas, se déplacer par rapport à lui. La fixation se fait très généralement au moyen de deux tiges portant des écrous qui viennent bloquer le bac sur la plaque-support. On doit veiller au serrage parfait de ces écrous.

Une des bornes de la batterie (en France, la borne –) est directement reliée au châssis par un câble de gros diamètre ; la borne + est reliée au contacteur du démarreur par un câble de même diamètre. C'est très généralement sur la borne même du démarreur, à l'arrivée du gros câble, qu'on fait les prises de courant qui se rendent au tableau.

Les câbles sont serrés sur les bornes de la batterie par des cosses ; toutes les batteries d'accumulateurs ont maintenant en France leurs bornes du type standard qui sont tronconiques, la borne + ayant un diamètre plus gros que celui de la borne –. Il est impossible, par suite, de se tromper dans les connexions lorsqu'on remet en place une batterie qu'on a démontée.

On doit veiller à l'intégrité des câbles, tant du point de vue de leur isolement que du point de vue de leur conductibilité. Le câble qui se rend à la borne + doit être parfaitement isolé. Les deux câbles doivent avoir leur âme intacte. Il arrive plus particulièrement au voisinage de la borne positive que le câble en cuivre soit attaqué. S'il en est ainsi, on doit, après l'avoir nettoyé, lui restituer son diamètre primitif en le coupant et en en refaisant le montage.

Causes de détérioration des batteries

Les batteries peuvent périr, soit parce que la matière active des plaques qui est, comme nous l'avons vu, emprisonnée dans des alvéoles métalliques, se détache de ces alvéoles et tombe au fond des bacs; ou bien cette matière active peut être attaquée d'une façon permanente par l'électrolyte et transformée en sulfate qui résiste à l'action chimique de la charge : il y a, dans ce cas, une partie de la matière active qui devient inerte, d'où diminution de la capacité de la batterie.

Désagrégation des plaques

La désagrégation des plaques peut être provoquée, soit par les trépidations de la batterie au cours de la marche de la voiture, soit par un excès de charge des éléments, soit enfin par le manque d'eau.

Les trépidations sont à craindre si la batterie est mal fixée sur son support. Dans le cas contraire, elles ont peu d'action, puisque la batterie est toujours portée par le châssis et par conséquent convenablement suspendue.

Nous rappelons cette cause surtout pour mémoire, et afin de montrer la nécessité d'éviter que les batteries d'accumulateurs puissent jouer sur leur support.

La désagrégation des plaques par excès de charge se produit plus spécialement sur les voitures qui roulent sur la route pendant l'été. Dans l'usage de ville, et surtout pendant l'hiver, les batteries souffrent surtout en effet du manque de charge, comme nous le verrons plus loin. Par contre, dans l'utilisation de route pendant la journée, la dynamo ne cesse de débiter sur la batterie, alors qu'on ne demande à celle-ci aucun courant.

Quand la batterie se trouve complètement chargée, c'est-à-dire que toute la matière active des plaques positives est transformée en peroxyde de plomb et que celle des négatives est à l'état de plomb spongieux métallique, l'action du courant se manifeste par la décomposition de l'eau de l'électrolyte en hydrogène et en oxygène ; les bulles de gaz se forment dans le sein même des plaques et leur dégagement, s'il est violent et prolongé, peut provoquer à la longue la désagrégation et la chute de la matière active.

On évite, pour une grande part, cette cause de détérioration, en substituant des dynamos à régulateur de tension aux dynamos dites à débit constant, réglées par troisième balai. Nous verrons plus loin comment ces dynamos diffèrent dans leur façon de charger les batteries d'accumulateurs.

Mais la cause la plus grave de détérioration des plaques est le manque d'eau dans les bacs.

Nous venons de voir que, pendant les périodes de surcharge, l'eau de l'électrolyte se trouve décomposée en ses éléments gazeux. Il y a donc dispersion d'une quantité de liquide qui peut être évaluée à un tiers de gramme environ d'eau par élément et par ampère-heure de surcharge. Si donc on a roulé pendant dix heures au régime de charge de 10 ampères de la dynamo avec une batterie qui, au départ, se trouvait déjà chargée (cas fréquent en été), il est passé dans la batterie une quantité d'électricité de 100 ampères-heure, qui a décomposé dans chacun des éléments 33 grammes d'eau. Il est, par suite, nécessaire de remettre de l'eau dans les éléments pour remplacer celle qui manque.

L'eau disparaît également des éléments par évaporation : le courant qui passe dans la batterie échauffe légèrement l'électrolyte mais surtout la chaleur de l'atmosphère pendant l'été, celle qu'engendre la proximité du moteur ou des organes mécaniques, provoquent une évaporation de l'eau.

La disparition d'une certaine quantité d'eau de l'électrolyte se manifeste d'abord par une augmentation de la concentration en acide sulfurique. Or, l'acide sulfurique très concentré a une action néfaste sur les plaques des accumulateurs : il peut provoquer leur sulfatation, voire leur dégradation.

Mais si, par manque de soin, on laisse le niveau de l'eau baisser au-dessous de la tranche supérieure des plaques, une partie de celles-ci ne baigne plus dans l'électrolyte et se trouve exposée à l'air.

L'expérience prouve que, dans ce cas, la partie des plaques qui émerge se détériore très rapidement. La matière active bourgeonne et tombe peu à peu de ses alvéoles.

Il y a donc diminution de la surface utile des plaques d'une part, et d'autre part, accumulation de la matière active au fond des bacs.

Les constructeurs d'accumulateurs prévoient toujours une hauteur d'environ 1 centimètre entre le fond du bac et la partie inférieure des plaques, afin de laisser une place pour les matières actives boueuses qui tomberaient dans le fond. Mais, si celles-ci sont assez abondantes pour que leur niveau atteigne la partie inférieure des plaques, les éléments sont mis en court-circuit et se déchargent alors extrêmement vite, dès que le courant de charge cesse. Une batterie dans cet état n'a plus qu'une durée éphémère.

Détérioration des plaques des accumulateurs par défaut de charge

Si l'excès de charge est fréquent pour des voitures qui roulent surtout sur la route et pendant l'été, le défaut de charge est presque de règle sur les voitures qui font un service de ville pendant l'hiver. Quand une batterie débite plus de courant qu'elle n'en reçoit, elle se décharge peu à peu. Les plaques se trouvent donc de plus en plus sulfatées, phénomène normal, puisque la sulfatation se produit pendant la décharge ; mais, comme une charge suffisante ne se produit pas en temps utile, cette sulfatation risque de devenir permanente : le sulfate se transforme peu à peu en une autre forme de ce même sel qui ne se décompose plus sous le passage du courant de charge normale. On dit que la batterie est sulfatée. Il en résulte une diminution de la capacité de la batterie.

La sulfatation d'une batterie par son électrolyte normal est évidemment limitée, puisque cet électrolyte ne contient qu'une quantité limitée d'acide sulfurique. Quand la batterie est sulfatée, on constate que la teneur en acide et par suite la densité de l'électrolyte a fortement diminué.

La capacité de la batterie a diminué également et, même après une charge copieuse, elle est incapable d'un service correct. Pour éviter ce défaut, il faut évidemment proportionner le débit de la dynamo à l'usage qui est fait de la batterie ; autrement dit, adopter une dynamo plus puissante, si celle dont on dispose est insuffisante.

Un autre moyen existe, qui est à recommander à tous ceux qui utilisent leur voiture en ville, surtout pendant l'hiver : c'est de procéder pendant la nuit à des recharges périodiques au moyen d'un rechargeur d'accumulateurs fonctionnant sur le secteur : nous dirons quelques mots plus loin de ces appareils.

Nous verrons de même comment on peut désulfater une batterie avariée.

Entretien de la batterie

L'examen des causes de détérioration des batteries montre quels sont les soins d'entretien qu'il convient de leur donner, pour les conserver aussi longtemps que possible en bon état de marche. Le soin essentiel est de vérifier souvent le niveau de l'électrolyte dans les bacs et de ramener ce niveau à sa cote normale par addition d'eau. En principe, l'eau distillée est celle qui convient le mieux dans la pratique ; si l'on n'a pas d'eau distillée, on mettra de l'eau ordinaire propre et, si l'eau dont on dispose est très calcaire, on aura intérêt à la faire bouillir et à la laisser déposer avant de s'en servir pour remplir les bacs. Il est très commode d'utiliser, pour refaire le niveau de l'électrolyte dans les bacs, certains petits appareils qui sont fixés sur le bouchon d'une bouteille et qui permettent à l'eau de couler librement en l'arrêtant automatiquement dès que le niveau réglementaire est atteint. Plusieurs modèles de ces appareils existent dans le commerce et leur emploi est à recommander.

Quand on refait le niveau, on doit l'établir à un centimètre environ au-dessus du bord supérieur des plaques.

La fréquence avec laquelle cette opération doit être pratiquée dépend de la saison et de l'usage qu'on fait de la voiture. En hiver, où la température est peu élevée et où généralement la batterie se trouve plutôt sous-chargée, les inspections peuvent être relativement rares ; en été, elles doivent être plus fréquentes. Il suffira, quand une voiture est neuve, de vérifier le niveau tous les quinze jours par exemple, ou mieux tous les 500 kilomètres, et de voir de combien le niveau a baissé ; on en déduira l'espacement convenable des examens futurs.

Quand on a une dynamo pourvue d'un bon régulateur de tension, on peut très bien ne refaire le niveau des bacs que tous les 4. 000 ou 5.000 kilomètres. Il est néanmoins recommandé de le vérifier un peu plus fréquemment.

Quand on examine une batterie qui a été abandonnée à elle-même pendant quelque temps, on constate très fréquemment que la borne positive est emprisonnée dans une sorte de magma pâteux provenant de l'attaque du cuivre de la cosse ou du câble, par l'acide du bac qui a grimpé le long de la borne. Il convient naturellement, quand il en est ainsi, de nettoyer soigneusement la borne et la cosse du câble, après avoir séparé l'une de l'autre. Pour prévenir une attaque future, on enduit la borne et la cosse avec de la vaseline. On peut également vernir l'une et l'autre avec plusieurs couches de vernis japonais, après remontage et serrage de l'ensemble, bien entendu.

Dans la plupart des batteries modernes où le passage des bornes dans le couvercle des éléments est particulièrement étanche, ces sels grimpants ne se forment pas.

Tout examen de la batterie se terminera par un nettoyage sérieux de la partie supérieure des bacs ; les gouttes de liquide acide qui pourraient s'y être répandues seront soigneusement essuyées et on terminera en essuyant la partie supérieure des bacs avec un chiffon humidifié dans de l'ammoniaque.

Vérification de la densité de l'électrolyte

En principe, seule l'eau de l'électrolyte disparaît par évaporation ou décomposition ; il est donc inutile de vouloir remettre de l'acide. Il peut se faire, cependant, que l'acide de l'électrolyte disparaisse : c'est le cas si l'un des bacs présente une fuite ou si, au cours d'une manipulation, la batterie a été bousculée et a laissé tomber une partie de son liquide.

Pour vérifier que l'électrolyte a sa teneur normale en acide, on se sert d'un densimètre Baumé. Le densimètre Baumé est gradué d'une façon arbitraire et indique indirectement la densité de l'électrolyte.

Une batterie bien chargée doit avoir un électrolyte titrant 29 ou 30 degrés Baumé ; s'il dépasse en plus ou en moins cette teneur, on le ramènera au taux normal, soit par adjonction d'eau distillée si son titre est trop élevé, soit par adjonction d'une solution d'acide sulfurique dans l'eau à 35 degrés Baumé environ si ce titre est trop faible.

Cette opération sortant quelque peu de l'ordinaire pour le simple automobiliste, nous n'insistons pas davantage sur la façon d'opérer.

Rappelons que le seul moyen de connaître l'état de charge d'une batterie au plomb, c'est de mesurer la densité de l'électrolyte ; celui-ci, qui titre environ 30 degrés Baumé, quand la batterie est complètement chargée, descend à 22 degrés Baumé environ quand la batterie est vide.

Les pseudo-régénérateurs de batteries.

On trouve dans le commerce certains produits qui, aux dires de leurs inventeurs, posséderaient la précieuse propriété de régénérer les batteries hors d'usage, par simple adjonction de ce produit dans l'électrolyte. Tous les fabricants d'accumulateurs et tous les traités sérieux, consacrés à cette question, conseillent vivement de s'abstenir de ces produits qui ont généralement le plus fâcheux effet pour la conservation de la batterie. Leur action est en général la suivante : ils contiennent des produits basiques qui, au contact de l'acide de l'électrolyte, dégagent certains gaz, ou mettent en liberté certains corps qui font foisonner la matière active des plaques. De la sorte, une partie de cette matière active, qui pouvait être emprisonnée dans du sulfate inerte, est rendue capable d'une vigueur nouvelle. Mais c'est au détriment de la solidité de la plaque qui se désagrège ensuite rapidement.

Certains produits renferment d'ailleurs des éléments nettement nuisibles à la conservation des plaques. On ne peut qu'en déconseiller l'emploi.

Désulfatation des batteries

Quand une batterie est complètement sulfatée, ce qui se produit quand elle a été abandonnée à elle-même pendant plusieurs mois, elle peut être considérée en général comme perdue. Il n'en est pas de même si la sulfatation est peu importante. On peut espérer alors la régénérer par un traitement approprié. Ce traitement consiste à décomposer le sulfate par un courant très prolongé et de très faible intensité, en opérant avec un électrolyte aussi peu acide que possible.

Pratiquement, pour désulfater une batterie, on vide complètement l'électrolyte qu'elle contient, en ayant soin de le mettre de côté. On remplit ensuite immédiatement les éléments avec de l'eau distillée. La faible quantité d'électrolyte qui reste dans les plaques suffira largement pour rendre cette eau conductrice.

On charge ensuite la batterie avec un chargeur fixe d'accumulateurs à un régime de charge correspondant au cinquantième, ou même au centième de la capacité. Par exemple, une batterie de 50 ampères-heure sera chargée au régime de 0,5 à 1 ampère, et cela, pendant environ 100 heures.

On prendra la densité de l'électrolyte après la première heure de charge, c'est-à-dire quand la diffusion réciproque de l'acide et de l'eau pourra être considérée comme complète. Cette densité sera de l'ordre de 4 à 5 degrés Baumé en général. Après 100 heures de charge, on prendra de nouveau la densité ; si elle est restée la même, l'opération n'a pas réussi, et la batterie est définitivement condamnée. Si, par contre, la densité a augmenté, c'est que la désulfatation s'est produite. On recommencera l'opération en remplaçant encore le liquide par de l'eau distillée et en procédant à une deuxième charge. Quand la densité de l'électrolyte restera à peu près constante après charge prolongée, la désulfatation pourra être considérée comme complète, ou, du moins, on aura fait tout ce qui était possible pour rénover la batterie. On videra alors les éléments et on remettra l'électrolyte primitif préalablement ramené à son titre normal. On pourra enfin remettre la batterie en service.

Soins à donner aux batteries au repos

Il arrive assez fréquemment qu'une voiture reste immobilisée pendant plusieurs mois, soit parce qu'on ne s'en sert pas pendant l'hiver, soit parce qu'on s'absente pour une durée prolongée. Les organes de la voiture ne souffrent pas de ce repos, sauf la batterie, qui demande dans ce cas des soins particuliers. Deux procédés peuvent être utilisés, suivant qu'on préfère laisser la batterie en place sur le châssis, avec possibilité de remettre la voiture immédiatement en service, ou bien suivant qu'on préfère démonter la batterie et ne plus s'en occuper jusqu'à remise en service du véhicule. Dans le premier cas, on se bornera à donner une charge complète à la batterie, autant que possible à faible régime (moitié ou quart du régime normal) environ une fois par mois : une batterie de 50 ampères-heure, par exemple, sera chargée au régime de 2 ampères pendant 24 heures.

Mais si l'on ne veut pas s'astreindre à ces interventions mensuelles, on enlèvera la batterie du châssis et on videra complètement l'électrolyte qu'elle contient, qu'on remplacera par de l'eau distillée. Dans cet état, la batterie pourra se conserver pendant plusieurs mois sans rien perdre de ses qualités. Pour la remettre en service, il suffira de remettre l'électrolyte primitif qu'on ramènera éventuellement à son taux de concentration normal et de remonter la batterie sur le châssis.

Il faudra prendre garde, quand on utilise ce second procédé, de remiser la batterie dans un endroit qui soit à l'abri de la gelée ; l'eau fortement mélangée d'acide d'un électrolyte normal craint peu la gelée et supporte aisément des températures de l'ordre de – 15° sans danger. Mais l'eau distillée qui a remplacé l'électrolyte se solidifie aux environs de zéro.

Si on la laisse geler, la batterie est perdue, à cause de l'éclatement des bacs qui se produit à peu près certainement.

Recharge des accumulateurs au garage

Au cours de ce qui précède, nous avons plusieurs fois montré la nécessité où l'on se trouve fréquemment d'effectuer la charge d'une batterie au garage.

On ne saurait naturellement songer pour cela à faire tourner le moteur de la voiture. Il faut donc utiliser un chargeur, comme on en trouve actuellement un grand nombre de modèles, appareil qui fonctionne grâce au courant du secteur et qui permet de recharger complètement une batterie de capacité moyenne en 24 heures et dans tous les cas de compléter la charge d'une batterie pendant une nuit.

Il existe un assez grand nombre de systèmes de chargeurs d'accumulateurs. Nous nous contenterons d'en signaler ici deux types principaux : les chargeurs statiques et les chargeurs rotatifs.

Les chargeurs statiques comportent un transformateur abaissant la tension du courant du secteur jusqu'à une valeur correspondant à la tension de la batterie à charger ; le courant à la tension ainsi abaissée est envoyé dans un redresseur à oxyde métallique, où il est transformé, non pas en courant continu, mais en courant redressé.

L'intérêt de ces appareils, c'est qu'ils sont complètement silencieux, puisque ne comportant aucun organe mobile, qu'ils sont pratiquement inusables, présentent une sécurité complète, puisqu'en cas de cessation inopinée du courant d'alimentation, les accumulateurs ne peuvent se décharger; et enfin, leur rendement est très raisonnable et dépasse souvent 50 %.

Il en existe un très grand nombre de modèles : des types importants pour garages permettant de charger plusieurs batteries en parallèle ou en série et des modèles plus réduits pour le propriétaire d'automobile : ceux-ci ont toujours deux prises d'utilisation : une pour batterie 6 volts, l'autre pour batterie 12 volts. Certains appareils, de modèle particulièrement réduit, peuvent être montés à demeure sur la voiture et fonctionnent alors en les mettant en communication avec une prise de courant du garage.

Les appareils rotatifs comportent un moteur électrique, généralement autrefois du type universel, et plus fréquemment aujourd'hui du type monophasé, moteur qui fonctionne grâce au courant du secteur et qui entraîne une dynamo à courant continu, donnant une tension correspondant à celle de la batterie à charger.

Très généralement, dans les appareils que l'on offre dans le commerce, moteur et dynamo sont réunis dans un même bâti blindé.

Ces appareils sont toujours munis d'un disjoncteur qui, en cas de cessation du courant du secteur, empêche la batterie de se décharger dans la dynamo.

Parmi les appareils statiques, signalons le chargeur Westinghouse Oxymétal, qui est l'un des plus répandus et qui est caractérisé par l'utilisation comme redresseur de plaques de cuivre oxydé.

Parmi les appareils rotatifs, signalons les appareils Dynac de Paris-Rhône, qui comportent plusieurs types pouvant fonctionner, soit sur le courant triphasé, soit sur l'alternatif simple.

Nous estimons que l'emploi des rechargeurs d'accumulateurs est pratiquement indispensable à l'automobiliste soucieux du bon entretien de sa batterie.

Chapitre IX

La dynamo

Nous avons vu que la batterie d'accumulateurs est un organe essentiel de l'installation électrique, puisque c'est elle qui doit fournir l'énergie dont on a besoin pour actionner les divers appareils consommateurs, lorsque le moteur ne tourne pas à son régime ; en particulier, c'est la batterie qui donne le courant au démarreur, au système d'allumage du moteur, aux lanternes et phares, quand la voiture est arrêtée ou roule doucement, etc.

La batterie se vide donc normalement d'une certaine part de son contenu, et, pour assurer la continuité de son service, il est naturellement indispensable de lui restituer l'énergie ainsi dépensée.

Notons tout de suite qu'on doit, pour l'entretenir convenablement chargée, lui fournir plus d'énergie qu'elle n'en restitue, le rendement en énergie d'une batterie de voiture étant en effet largement inférieur à l'unité et atteignant une valeur qui ne dépasse guère 0,65. Autrement dit, si l'on a besoin de 65 watts à la batterie, il faut lui en avoir fourni environ 100 pour qu'elle puisse fonctionner indéfiniment à ce régime.

C'est à la dynamo qu'incombe le rôle de maintenir l'état de charge de la batterie.

Constitution d'une dynamo électrique

Ce que nous avons dit de l'induction électrique au début du Cours d'Automobile va nous permettre d'être assez bref sur l'explication du fonctionnement de la machine dynamo-électrique. Celle-ci se compose essentiellement d'une série d'enroulements conducteurs en fil de cuivre dont chaque spire est isolée de la voisine, enroulements disposés sur un noyau commun en fer doux et qui tournent dans un champ magnétique puissant ; les enroulements mobiles et leur noyau en fer constituent donc l'induit de la dynamo.

Pour créer et entretenir le champ magnétique autour de l'induit, on dispose des électroaimants inducteurs dont le courant est emprunté à la dynamo elle-même.

Chaque série de spires de l'induit est connectée avec une lame du collecteur tournant, monté sur l'arbre de l'induit. Ce collecteur a la forme d'un tambour comportant un certain nombre de lames (de 12 à 60), qui sont isolées les unes des autres par des feuilles de mica. Les frotteurs ou balais constitués par des prismes en charbon appuient constamment sur le collecteur pour recueillir le courant. Ces balais sont connectés électriquement avec les bornes de sortie de la machine.

En réalité, dans une dynamo de voiture, l'une des deux bornes est toujours reliée à la masse même de la dynamo. On utilise en effet, comme nous l'avons dit, dans les installations de voitures, la masse du châssis comme fil de retour.

La dynamo ne comportera donc qu'une seule borne isolée qui est toujours, en France, la borne positive. Pratiquement, la dynamo se présente sous la forme d'un cylindre en acier d'où émerge simplement la borne positive. C'est à l'intérieur de ce cylindre que sont disposées les masses polaires qui portent sur leur noyau les enroulements des inducteurs. L'axe de la machine porte l'induit. Très généralement, sur les voitures modernes, une poulie est montée sur l'axe de l'induit, poulie qui est entraînée par une courroie qui est fréquemment la même que celle du ventilateur.

Divers systèmes d'excitation

Les dynamos de voitures se caractérisent par les différents systèmes d'excitation utilisés, c'est-à-dire les différents modes suivant lesquels le courant est envoyé dans les électroaimants inducteurs.

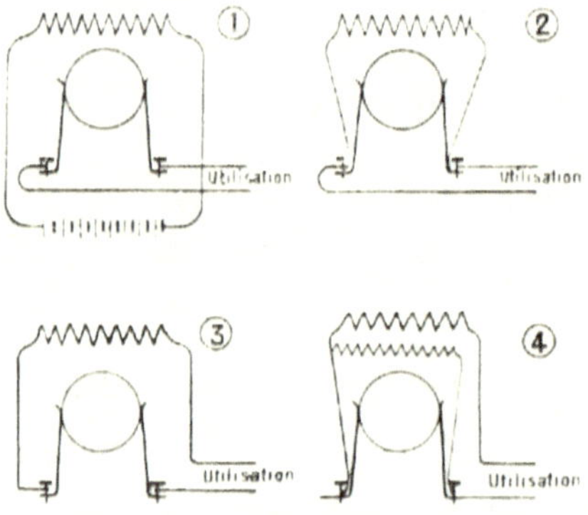

Fig. 10. — Différents modes d'excitation des dynamos ;

1, indépendante ; 2, shunt ; 3, série ; 4, compound.

Le mode d'excitation le plus généralement utilisé dans une dynamo est dit excitation en dérivation ou « shunt », du mot anglais qui signifie précisément dérivation.

Les deux extrémités du circuit inducteur sont en relation respectivement avec les bornes d'utilisation (figurine 2 de la figure 10). Citons, à titre historique, le système d'excitation dit indépendant, dans lequel le courant d'excitation est emprunté à une source d'énergie complètement indépendante de la machine (figurine 1) ; ce mode d'excitation n'est jamais utilisé sur les dynamos de voitures.

Dans le circuit d'excitation shunt, il n'entre que du fil à faible section. L'intensité du courant qui est emprunté au courant que peut fournir la dynamo doit naturellement être aussi faible que possible pour ne pas diminuer la puissance de celle-ci ; d'où utilisation d'un grand nombre de spires en fil fin. À titre d'indication, disons que le courant d'excitation d'une dynamo shunt varie entre 1/2 et 3 ou 4 ampères au maximum.

Pour exciter une dynamo, nous pouvons également faire passer dans le circuit inducteur tout le courant d'utilisation, c'est-à-dire monter le circuit inducteur en série avec les bornes de la dynamo et le circuit d'utilisation : c'est le cas de la figurine 3. On a alors affaire à la dynamo dite dynamo série, qui n'est jamais utilisée sous cette forme dans les voitures automobiles.

Si nous en avons parlé, c'est simplement parce qu'on utilise de plus en plus fréquemment, sur les machines de voitures, un mode d'excitation qui participe à la fois de l'excitation shunt et de l'excitation série. C'est l'excitation composée ou compound (figurine 4). On voit que les circuits d'excitation sont au nombre de deux, l'un en fil fin monté en dérivation sur les bornes de la machine, l'autre en gros fil monté en série sur le circuit d'utilisation. Remarquons que nous devons distinguer deux cas pour la dynamo compound. Le circuit d'excitation série et le circuit shunt peuvent produire, dans les inducteurs, une aimantation de même sens et, par conséquent, leurs effets s'ajoutent : c'est la dynamo compound ordinaire. Au contraire, l'effet d'aimantation de l'un des circuits peut venir contrarier celui qui est provoqué par l'autre. On a alors la dynamo dite anticompound. Les deux types compound et anticompound sont tous les deux utilisés pour les dynamos de voitures.

Fonctionnement d'une dynamo shunt

La dynamo shunt étant celle qui intéresse le plus la construction automobile, nous allons examiner son fonctionnement avec quelque détail. Auparavant, nous devons dire un mot de ce qu'on appelle le magnétisme rémanent, pour expliquer comment une machine de ce genre peut commencer à fonctionner, c'est-à-dire s'amorcer. Le courant d'excitation est emprunté, disons-nous, au courant que fournit la machine elle-même. Il faut donc que la machine commence à débiter pour pouvoir s'exciter : nous nous trouvons ainsi placés dans un cercle vicieux. Il en serait ainsi, en effet, si le fer des électroaimants inducteurs était rigoureusement doux, c'est-à-dire complètement dépourvu de magnétisme rémanent ; en réalité, il n'en est jamais ainsi, et les inducteurs d'une dynamo sont toujours très légèrement aimantés. Si, d'ailleurs, ils ne le sont pas au moment de la construction, on crée chez eux une aimantation permanente en envoyant dans le circuit inducteur un courant puisé à une source auxiliaire.

Voyons d'abord comment varie la tension aux bornes, lorsque la dynamo tourne à circuit ouvert, c'est-à-dire sans utilisation de courant, et lorsqu'on fait varier la vitesse depuis zéro jusqu'à une limite maximum.

L'induit, tournant lentement dans le champ magnétique très faible créé par le magnétisme rémanent, n'a à ses bornes qu'une tension extrêmement faible. Cette tension augmenterait proportionnellement à la vitesse de rotation, si le courant d'excitation restait constant. Mais il est facile de voir que, si la tension aux bornes augmente, l'intensité du courant d'excitation augmente dans le même sens, puisque la résistance du circuit est la même et que la tension aux deux extrémités va en augmentant. On voit donc que, lorsque la vitesse de rotation augmente, la tension augmente pour deux raisons : d'abord parce que l'induit tourne plus vite et que, dans l'unité de temps, chaque spire coupe un plus grand nombre de lignes de force, et ensuite, parce que le courant d'excitation augmente d'intensité.

Si nous cherchons à représenter par une courbe la variation de tension d'une dynamo shunt, nous obtenons quelque chose comme ce qui est représenté figure 11.

Si, maintenant, nous utilisons une partie du courant produit par la dynamo shunt, l'augmentation de tension sera un peu moins rapide qu'elle ne l'était tout à l'heure, mais existera néanmoins quand la vitesse augmentera.

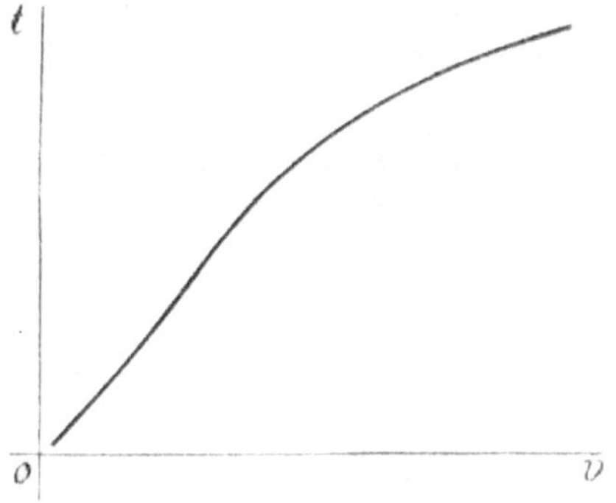

Fig. 11. — Variation de la tension d'une dynamo shunt en fonction de sa vitesse de rotation.

Si la résistance sur laquelle on fait débiter la machine reste constante ou à peu près constante, ce qui est généralement le cas par exemple quand on alimente des ampoules d'éclairage, le courant qui traversera cette résistance augmentera progressivement d'intensité : il sera par suite impossible d'utiliser directement la dynamo sur le réseau d'une voiture.

Régulation des dynamos

Remarquons d'abord que l'on pourra, en acceptant certains inconvénients, se contenter, pour régler la tension d'une machine, de la faire travailler en parallèle sur une batterie d'accumulateurs de grande capacité.

Les accumulateurs ont une résistance très faible, presque négligeable dans la pratique, tout au moins lorsqu'il s'agit de courants de charge dont l'intensité n'est jamais très considérable. Par conséquent, la tension aux bornes d'une batterie ne variera pas beaucoup, quelle que soit l'intensité du courant qui la traverse (étant bien entendu que cette intensité reste dans les limites de l'intensité pratiquement employée sur l'installation). Une dynamo shunt, comme celle que nous avons examinée, montée en parallèle sur une batterie, pourrait donc constituer un équipement électrique acceptable : évidemment, le courant de charge de la batterie augmentera très fortement avec la vitesse de la machine ; mais, comme la tension aux bornes serait limitée, cette augmentation de débit de la machine serait moins forte que si elle travaillait sur une résistance fixe et, d'autre part, les organes d'utilisation resteraient alimentés sous tension presque constante.

Malheureusement, la dynamo elle-même souffrirait énormément de cet état de choses sans parler de la batterie. Traversée en effet par des courants très intenses lorsqu'elle tournerait vite, elle s'échaufferait, et ses divers constituants seraient rapidement mis hors de service. La batterie d'accumulateurs, elle aussi, ne serait pas sans souffrir de cette surcharge excessive et prolongée.

Il faut donc chercher à limiter l'intensité du courant débité par la dynamo dans la batterie. Deux moyens sont à notre disposition pour cela : limiter l'intensité du débit ou limiter la tension aux bornes de la machine. L'efficacité du premier moyen est évidente ; celle du deuxième moyen demande une légère explication.

Admettons que la tension aux bornes de la machine soit rigoureusement constante, égale par exemple à 15 volts, quand la machine travaille sur une batterie de six éléments au plomb. Lorsque la batterie sera complètement déchargée, l'intensité du courant débité par la dynamo atteindra une valeur très élevée. Mais cette valeur très élevée ne se maintiendra que pendant un temps fort court. En effet, le voltamètre constitué par chacun des éléments d'accumulateurs est le siège de réactions chimiques. Quand il est parcouru par un courant, il provoque la naissance d'une force contre-électromotrice bien déterminée, étant connus les métaux et la nature de l'électrolyte qui entrent dans sa composition.

Pour la batterie au plomb, cette force contre-électromotrice est légèrement inférieure à 2,5 volts par élément. La batterie va donc opposer à la dynamo une force contre-électromotrice qui n'est que très légèrement inférieure à la force électromotrice de celle-ci. L'intensité du courant débité sera proportionnelle à la différence entre ces deux forces électromotrices et sera déterminée par la somme des résistances de l'induit de la dynamo et de la batterie elle-même.

On voit donc qu'en limitant la tension aux balais d'une machine, on limite par cela même l'intensité, étant entendu que la batterie sur laquelle on fait débiter la dynamo a une force contre-électromotrice à peu près constante.

Dynamo à intensité limitée

Nous ne chercherons pas à faire ici l'historique des procédés de régulation des dynamos de voitures, et nous nous bornerons strictement à l'examen des machines actuellement en usage.

L'un des procédés les plus généralement utilisés pour limiter l'intensité du débit d'une dynamo consiste à prendre l'excitation, non plus directement entre les balais principaux, mais entre l'un de ces balais et un troisième balai auxiliaire placé légèrement en arrière du deuxième balai principal.

On a ainsi la dynamo à trois balais, qui est utilisée actuellement sur une très forte proportion des voitures françaises.

Le principe de la régulation par troisième balai est un peu délicat à exposer dans son détail, mais assez facile à comprendre si on se contente d'une approximation.

Considérons le champ magnétique formé par les inducteurs d'une dynamo et l'armature de l'induit. Nous figurons schématiquement les lignes de force de ce champ qui, comme on le voit, sont symétriques par rapport à un axe vertical passant par le centre de deux masses polaires.

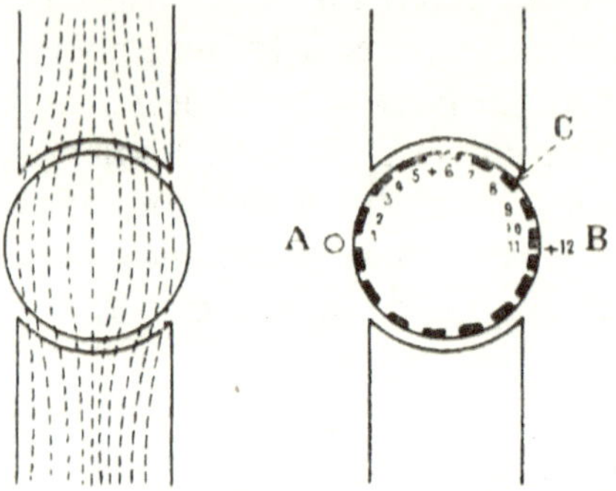

Fig. 12.– Schéma d'un induit tournant dans un champ magnétique.

À, B, balais principaux ; G, balai auxiliaire.

Si nous faisons tourner l'induit de la dynamo en supposant que ce champ magnétique reste symétrique, nous voyons que la force électromotrice sur chaque lame du collecteur sera distribuée régulièrement suivant le schéma de la figure 12.

Sous le balai A, nous aurons la force électromotrice 0 ; sous le balai principal B, la force électromotrice 12 par exemple, tandis que, sous le balai auxiliaire C, au tiers de la distance entre A et B, nous aurons la force électromotrice 8.

Si le champ magnétique restait ainsi symétriquement disposé quand l'induit tourne, nous n'aurions absolument rien gagné à utiliser un balai auxiliaire. La tension aux deux extrémités de l'enroulement shunt d'excitation serait, il est vrai, réduite à 8 volts au lieu de 12, mais resterait toujours les deux tiers de la tension maximum, et, par suite, l'allure générale du débit de la machine ne serait pas changée.

Mais, lorsque l'induit tourne, il se produit un phénomène connu sous le nom de réaction d'induit qui a précisément pour effet de rendre dissymétrique la distribution des lignes de force dans le champ magnétique.

L'effet de la réaction d'induit est assez facile à comprendre. L'induit est parcouru, comme on sait, par un courant électrique. Or, une armature en fer, entourée par un circuit où passe un courant, constitue un électroaimant.

Cet électroaimant va donc créer un champ magnétique autour de lui. Ce champ, qui est de sens opposé au champ inducteur, va se combiner avec lui pour donner un champ résultant dont les lignes de force sont représentées par la figure 13.

On voit que tout se passe comme s'il y avait entraînement réel des lignes de force ; celles-ci se trouvent plus concentrées sous la corne de sortie de la masse polaire que sous sa corne d'entrée. Autrement dit, le champ magnétique du côté de la corne de sortie de la masse polaire est plus intense que du côté de la corne d'entrée. Il en résulte une modification de la répartition de la force électromotrice sur les différentes lames du collecteur et l'on voit, par exemple, que, s'il y a toujours 12 volts de différence entre les deux balais principaux, il n'y a plus entre le balai A et le troisième balai C que 6 volts environ, au lieu des 8 de tout à l'heure.

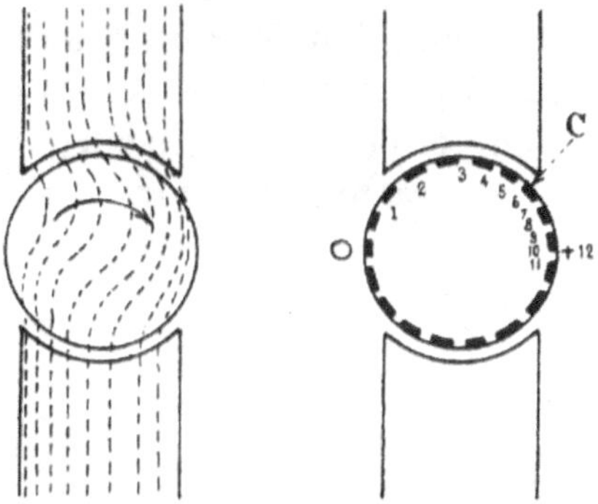

Fig. 13. – Effet de la réaction d'induit.

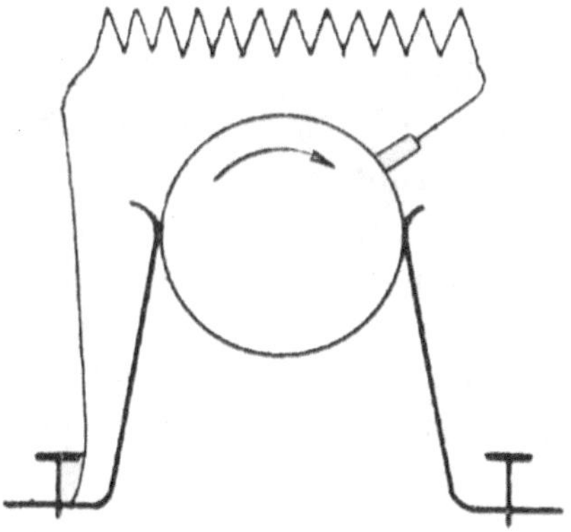

Fig. 14. Dynamo à 3 balais.

Or la distorsion du champ est d'autant

plus forte que le champ magnétique créé par l'induit est lui-même plus intense, c'est-à-dire d'autant plus forte que le courant d'utilisation est plus élevé.

Il en résulte que la tension aux extrémités de l'enroulement inducteur diminue à mesure que le débit augmente et, par suite, que l'excitation de la machine diminue elle-même.

Il y aura donc une intensité maximum du débit de la machine pour une vitesse donnée et, au-delà de cette vitesse, l'intensité, au lieu d'augmenter, diminuera au contraire. Si l'on représente par une courbe le débit d'une machine à troisième balai, travaillant sur une batterie d'accumulateurs, débit exprimé en fonction de la vitesse, on voit qu'il augmente d'abord très rapidement pour atteindre un maximum, redescend ensuite assez vite, puis plus lentement (fig. 15).

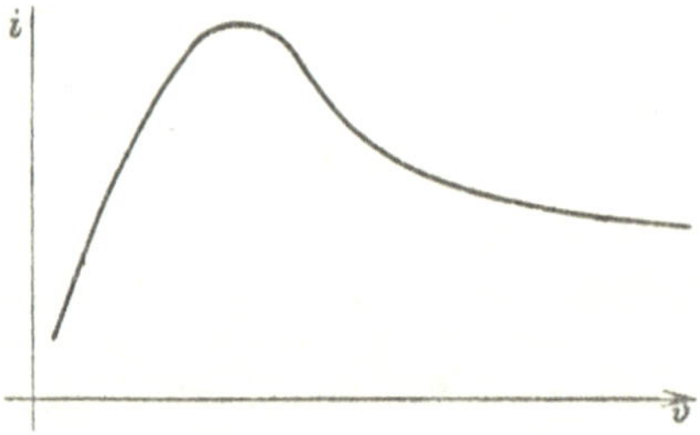

Fig. 15. — Débit d'une dynamo à trois balais en fonction de sa vitesse de rotation.

Il est bien évident que la régulation par troisième balai ne peut se faire que s'il y a distorsion du champ magnétique inducteur, et il n'y aura distorsion que si l'induit est parcouru par un courant d'utilisation. Pour qu'une machine à trois balais ait son intensité limitée, il est, par suite, obligatoire qu'elle travaille sur un circuit fermé tel qu'une batterie d'accumulateurs. Si la machine tournait à vide, la distorsion du champ serait nulle ou presque[2], et, la

[2] Une dynamo, même à circuit ouvert, débite toujours, en effet, un peu de courant ; à savoir le courant qui passe dans le circuit d'excitation en dérivation.

tension aux extrémités de l'enroulement inducteur restant toujours dans le même rapport avec la tension aux bornes principales, cette dernière tension augmenterait absolument comme dans le cas de la dynamo shunt ordinaire. Cela explique pourquoi il ne faut jamais faire tourner une dynamo à trois balais sans qu'elle soit accouplée avec la batterie d'accumulateurs : la machine risquerait d'être gravement détériorée à cause de l'intensité trop élevée du courant qui passerait dans le circuit d'excitation. C'est pour parer à ce danger que ces machines sont toutes munies d'un fusible monté sur le circuit d'excitation, fusible qui fond lorsque le courant d'excitation devient trop intense. Quand le fusible a sauté, il n'y a plus de courant d'excitation et, par conséquent, la dynamo, ne s'excitant plus, ne débite plus.

Régulation par anticompoundage

On peut concevoir un mode de régulation par anticompoundage, en le réalisant de la façon suivante : le circuit d'excitation de la machine comporte un enroulement shunt et un enroulement série, ces deux enroulements étant disposés de telle sorte que, lorsque le courant d'excitation parcourt l'enroulement série, celui-ci a un effet démagnétisant sur les inducteurs.

On conçoit que, dans ces conditions, lorsque la tension de la dynamo augmente, elle tend d'une part à faire augmenter le débit par suite de l'augmentation de l'excitation fournie par le circuit shunt; mais, d'autre part, le courant d'utilisation vient désaimanter les inducteurs ; la tension se trouve donc réduite d'autant.

L'anticompoundage pourrait être utilisé sur une machine à excitation shunt prise sur les balais principaux. En général, on le combine avec la régulation par troisième balai.

Au lieu d'anticompounder la machine, on peut, au contraire, la compounder, c'est-à-dire disposer le circuit série d'excitation de telle sorte que son action vienne renforcer celle du circuit shunt ; mais le but que l'on se propose est alors différent du résultat cherché précédemment. On veut, par ce dispositif, permettre à la dynamo de débiter d'autant plus qu'on fait davantage appel à elle pour les appareils d'utilisation, en lui évitant, au contraire, un débit important lorsqu'elle ne travaille que sur la batterie d'accumulateurs.

On arrive à ce résultat en montant la batterie d'accumulateurs sur les bornes principales, et en ne faisant passer dans le circuit, série que le courant envoyé aux appareils d'utilisation. Grâce à cet artifice, on aura par exemple, pendant la journée où la dynamo travaille uniquement sur la batterie, un courant de charge de 3 ou 4 ampères, tandis que, si l'on ferme le circuit des phares, la dynamo débitera de quoi alimenter les phares, en plus du même courant qu'elle débitait déjà dans la batterie, et cela grâce au renforcement de l'excitation créé par le circuit série où passe le courant des phares. Ces dynamos sont parfois appelées dynamos à double débit.

Notons une disposition intéressante réalisée par Paris-Rhône pour régulariser le débit de la dynamo et éviter en particulier l'importante baisse de débit aux grandes vitesses.

La machine comporte quatre pôles avec excitation compound à trois circuits. L'un des circuits est monté en dérivation sur l'un des balais principaux et le troisième balai. Le deuxième est en dérivation sur les deux balais principaux. Enfin, le troisième est en série sur le courant d'utilisation.

Régulation de la tension

La régulation des dynamos dites à tension constante est effectuée d'une façon complètement différente de celle que nous venons de voir. En principe, elle est conçue de la façon suivante :

Imaginons une dynamo à excitation shunt, prise sur les balais principaux. En série et avec le circuit d'excitation est montée une résistance R. Le courant d'excitation passe en outre dans un petit électroaimant dont l'armature porte un grain de contact qui, au repos, entre en contact avec un grain fixe et court-circuite la résistance.

Dans cette position, le circuit d'excitation est traversé par un courant inducteur d'une certaine intensité. Si la tension aux bornes augmente, l'intensité du courant d'excitation augmente également. L'électroaimant se trouve donc plus vivement excité et attire son armature : les grains de contact se séparent et mettent ainsi le circuit d'excitation en série avec la résistance dont nous avons parlé. L'intensité du courant d'excitation diminue, puisque la résistance générale augmente ; l'électroaimant abandonne son armature qui rétablit le contact et court-circuite de nouveau la résistance et le cycle des opérations recommence.

L'armature de l'électroaimant se trouve donc en état perpétuel de vibrations plus ou moins rapides, d'autant plus rapides que la tension aux bornes de la machine tend à être plus élevée. La résistance moyenne du circuit d'excitation est donc maintenue d'autant plus élevée que la tension tend elle-même à devenir plus forte.

Tels sont la description et le fonctionnement schématique du régulateur de tension à peu près uniquement utilisé aujourd'hui, et qui est connu sous le nom de système Tyrill. Dans l'exécution, il y a des précautions à prendre pour éviter l'usure trop rapide ou le collage des contacts : nous verrons quelques-uns de ces dispositifs dans l'examen individuel des machines.

Avec un bon régulateur de tension, la tension aux bornes de la dynamo peut rester constante à quelques dixièmes de volts près, de telle sorte qu'avec ces machines, on peut alimenter directement les appareils d'utilisation les plus délicats sans la batterie d'accumulateurs. Bien entendu, la batterie est nécessaire quand la dynamo tourne trop lentement pour débiter ; mais on peut l'enlever sans que rien ne s'arrête à partir d'une certaine vitesse de rotation du moteur : les phares continuent à conserver leur éclat, l'allumage se fait comme si la batterie était toujours à son poste, etc.

Les dynamos à tension constante ont également une autre qualité plus importante encore dans la pratique : c'est qu'elles ne débitent dans la batterie d'accumulateurs qu'un courant proportionnel au manque de charge de la batterie. Autrement dit, elles donneront un courant intense à une batterie peu chargée et un courant très faible à une batterie qui a sa charge normale.

Il en est exactement à l'inverse pour la dynamo à trois balais qui, au contraire, débite d'autant plus que le circuit sur lequel elle travaille est plus résistant : de la sorte, une dynamo à trois balais enverra un fort courant dans une batterie très chargée et un courant faible dans une batterie presque complètement déchargée.

Le conjoncteur-disjoncteur

Le conjoncteur-disjoncteur est un appareil automatique qui établit le branchement en parallèle de la dynamo sur la batterie dès que la tension aux bornes de la dynamo est devenue suffisante pour qu'elle puisse fournir du courant aux accumulateurs.

Ce même appareil rompt le contact lorsque la dynamo ralentit ou arrête son mouvement et que, par suite, sa tension baisse ou s'annule : on évite ainsi que la batterie ne se décharge dans la dynamo.

Le conjoncteur-disjoncteur se place actuellement à peu près toujours sur la dynamo même. Il est contenu dans un petit carter qui est vissé à l'extérieur de la machine.

Remarquons tout de suite que ce n'est peut-être pas là son emplacement le meilleur,parce qu'il se trouve soumis à toutes les vibrations que le moteur communique à la dynamo, et il n'est pas exceptionnel que son fonctionnement en soit quelque peu troublé.

Mais, en le mettant ainsi, on élimine les fils qui, autrement, devraient réunir le disjoncteur à la dynamo, ce qui simplifie le montage.

Voyons comment est fait le disjoncteur et comment il fonctionne. Considérons un noyau de fer doux devant

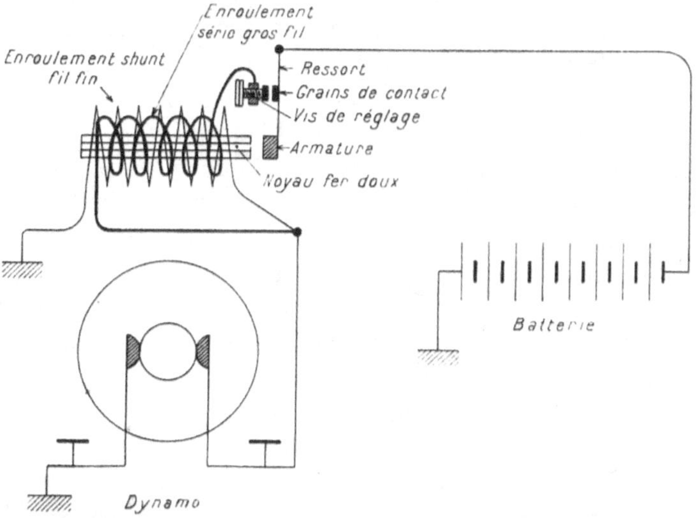

Fig. 16. — Organisation d'un conjoncteur-disjoncteur.

lequel se trouve une armature également en fer doux portée par un ressort.

Dans l'état de repos, ce ressort tend à écarter l'armature du contact du noyau. Le ressort porte un grain en tungstène qui est placé vis-à-vis du grain fixe : dans la position de repos, les deux grains se trouvent écartés, Sur le noyau en fer doux sont montés deux enroulements : un enroulement en fil fin, comportant un grand nombre de spires, dit ***enroulement shunt*** — nous verrons plus tard pourquoi —

et un enroulement en gros fil, ne comptant que quelques spires, dit ***enroulement série***.

La figure 16 montre comment s'établissent les branchements entre la dynamo et le conjoncteur d'une part et la batterie et ce même conjoncteur d'autre part.

Suivons maintenant le fonctionnement de l'ensemble quand on lance le moteur de la voiture et quand, par suite, la dynamo commence à tourner.

Nous avons vu dans ce qui précède que la tension aux bornes de la dynamo augmente assez rapidement avec la vitesse de celle-ci. La machine atteint bientôt une vitesse pour laquelle la tension à ses bornes est supérieure à la tension aux bornes de la batterie. L'enroulement en fil fin est monté en dérivation sur les bornes de la dynamo. Il en résulte que,quand la tension de la dynamo est suffisante, le courant qui passe constamment dans cet enroulement fil fin prend une valeur assez grande pour que le noyau en fer doux se trouve aimanté et attire son armature. À ce moment, les grains en tungstène viennent au contact.

Une des extrémités de l'enroulement série est branchée à la borne isolée de la dynamo. L'autre extrémité se rend aux grains fixes. Le ressort et par conséquent le grain mobile sont en relation avec le pôle isolé de la batterie. Il résulte de ce montage que, dès que les grains viennent au contact, la liaison complète est établie entre la dynamo et la batterie, et le courant passe de l'une à l'autre.

Remarquons que ce courant traverse l'enroulement gros fil du disjoncteur. Celui-ci est disposé dans le même sens que l'enroulement fil fin, de telle sorte que l'aimantation qu'il produit sur le noyau vient s'ajouter à celle qui est provoquée par le circuit fil fin. L'armature est donc plus fortement attirée.

Voyons maintenant ce qui va se passer quand la dynamo va ralentir et que sa tension va baisser. Le courant dans l'enroulement fil fin diminue et l'aimantation du noyau baisse. Mais elle reste cependant toujours suffisante pour que l'armature reste attirée et que les grains restent au contact. Quand la tension de la dynamo est devenue inférieure à celle de la batterie, c'est alors celle-ci qui se décharge dans celle-là. Le courant qui passe dans l'enroulement gros fil change de sens, provoquant ainsi la désaimantation du noyau ou plutôt son aimantation en sens inverse. La force du ressort qui porte l'armature est alors suffisante pour provoquer le décollement des contacts du circuit

La batterie se trouve isolée de la dynamo.

Les disjoncteurs ont donné autrefois pas mal de tablature aux premiers constructeurs des équipements électriques. Leur fabrication est devenue maintenant suffisamment régulière pour que leur fonctionnement reste correct, et, bien souvent, on use complètement une voiture sans s'apercevoir de l'existence du conjoncteur-disjoncteur. Nous verrons d'ailleurs,dans un instant, quelles sont les très rares pannes auxquelles il peut donner lieu.

Le conjoncteur-disjoncteur est parfois accouplé avec le régulateur de tension, quand la dynamo en comporte un.

Quand ces deux appareils sont indépendants, ils sont cependant fréquemment enfermés dans le même carter.

Le propriétaire de la voiture n'a jamais à toucher au conjoncteur, qui, d'ailleurs, est d'ordinaire plombé. Ce n'est pas que le réglage en soit très difficile, mais il vaut mieux laisser cette opération à un spécialiste.

Entraînement de la dynamo

Revenons maintenant à la dynamo pour dire quelques mots des différentes façons dont elle est entraînée par le moteur de la voiture.

Il n'y a plus guère, à l'heure actuelle, que deux procédés courants d'entraînement des dynamos, dont l'un est d'ailleurs beaucoup plus employé que l'autre.

C'est l'entraînement par courroie et, plus rarement, l'entraînement par la chaîne ou les organes de distribution. Le mode d'entraînement de beaucoup le plus usité à l'heure actuelle et qui existe sur plus de 90 % des voitures, c'est l'entraînement par courroie trapézoïdale en coton et caoutchouc. La dynamo est disposée parallèlement au moteur. Sur son arbre est montée une poulie sur laquelle passe une courroie. Diverses variantes existent d'ailleurs dans ce mode d'entraînement. Dans certaines voitures, la dynamo est placée en haut des cylindres sur un socle qui fait corps avec la culasse : elle est alors entraînée au moyen d'un joint à tournevis par l'arbre de ventilateur et du déplaceur d'eau. La courroie d'entraînement est commandée par le vilebrequin et passe sur deux poulies seulement.

D'autres fois, et cette tendance se généralise avec la diffusion des moteurs à culbuteurs, la dynamo est disposée d'un côté du moteur et la courroie qui la commande est très généralement la même que celle du ventilateur et passe alors sur trois poulies.

On rencontre également des montages où la dynamo a une courroie pour elle toute seule.

Une mention spéciale doit être faite pour les dynamos combinées avec les démarreurs en une machine unique désignée sous le nom de ***dynamoteur***. Le dynamoteur, dont nous dirons un mot dans un instant, est simplement une machine puissante dont l'induit porte parfois deux enroulements ; un enroulement en fil relativement fin, qui fonctionne dans la marche en génératrice, et un enroulement en fil plus gros, qui fonctionne pour le démarrage.

Certains dynamoteurs, d'ailleurs, ne comportent qu'un enroulement. Dans tous les cas, leur couple, quand on les utilise comme moteurs, est suffisant pour entraîner le moteur à explosion, à condition que celui-ci ne soit pas trop gros.

L'emplacement des dynamoteurs, lors de leur première utilisation, était à peu près toujours à l'avant du moteur, en bout du vilebrequin et en prise directe avec lui.

On était alors conduit à utiliser des dynamoteurs de forte dimension pour avoir un couple suffisant à l'entraînement du moteur. Ces appareils étaient par suite volumineux, lourds et chers. Ils présentaient le défaut de n'être utilisés complètement que pendant le court instant du démarrage. Dans la marche en génératrice, au contraire, leurs dimensions se trouvaient surabondantes, ce qui, par contre, leur conférait une robustesse à toute épreuve.

Depuis quelques années, on monte plutôt le dynamoteur comme une dynamo ordinaire, c'est-à-dire qu'on le commande par courroie. Cela permet ainsi de démultiplier son mouvement par rapport à celui du moteur et, par conséquent, de n'utiliser pour le démarrage qu'un couple plus faible.

Il suffit de donner à la courroie des dimensions plus considérables, ou bien, dans le cas de gros moteurs, de doubler ou même de tripler la courroie.

Il existe, par exemple, de gros moteurs Diesel (Berliet), munis d'un dynamoteur entraîné par trois courroies.

On peut, d'ailleurs, compléter ce système par un galet tendeur qui, au moment du démarrage, vient provoquer un enroulement considérable de la courroie sur la poulie du dynamoteur, en même temps que la tension de la courroie se trouve augmentée.

Les dynamoteurs

Nous ne décrirons pas dans le détail les dynamoteurs, simplement parce qu'ils ne diffèrent pas, en principe, d'une dynamo.

Ils sont cependant en général plus gros et plus volumineux. La discussion est d'ailleurs encore ouverte entre partisans du dynamoteur et amateurs des machines séparées, en ce qui concerne en particulier le prix et les facilités d'établissement de l'équipement électrique. Contentons-nous de donner ici les arguments des uns et des autres.

Le dynamoteur, machine unique, est moins cher que les deux organes séparés, dynamo et démarreur. Comme il est unique, il n'exige qu'un seul mode d'entraînement et permet de supprimer en particulier le dispositif mécanique qui met en relation le démarreur et le volant du moteur, d'où possibilité d'économie. Le dessin général du moteur se trouve par conséquent simplifié.

L'entraînement par courroie du démarreur présente l'avantage de donner des démarrages du moteur plus faciles et plus sûrs, en particulier par les temps froids. Dans tous les dispositifs mécaniques automatiques d'accouplement du démarreur et du volant du moteur, on constate en effet le phénomène suivant : quand le moteur donne une explosion qui n'est pas suivie par d'autres, l'accélération du volant est cependant suffisante pour que le pignon du démarreur se trouve repoussé hors de prise. Sous l'action du courant qui le traverse, le démarreur s'emballe et l'automobiliste est alors obligé de couper le contact, d'attendre que le démarreur soit arrêté pour refaire une tentative de mise en route, qui n'est souvent pas plus heureuse que la première. Avec l'entraînement par courroie, au contraire, il suffit de maintenir le contact dans le dynamoteur jusqu'à ce que le moteur tourne franchement.

Voilà les arguments des partisans du dynamoteur. Voici maintenant ceux des partisans des organes séparés.

Quoi qu'on en dise, les organes séparés, bien que présentant dans l'ensemble plus de complications qu'un dynamoteur, ne seraient pas forcément plus chers que celui-ci.

Chacun d'eux est, en effet,plus petit, donc plus léger, et comme la mécanique, en électricité comme ailleurs, se vend au poids, l'avantage n'appartient pas forcément à l'appareil combiné.

En cas de panne de l'un des deux appareils, l'autre reste disponible, tandis qu'avec l'appareil combiné, on est privé à la fois de la dynamo et du démarreur.

Avec la commande par courroie, l'entraînement de la dynamo ne complique guère les choses et ne rend pas l'installation d'un appareil supplémentaire très onéreuse.

Il est probable que le principal inconvénient du dynamoteur du point de vue prix, c'est d'être construit en série beaucoup plus petite que les appareils séparés.

L'entretien de la dynamo et les pannes

La dynamo est l'un des organes de la voiture qui demande le moins d'entretien. L'arbre de l'induit est monté sur des roulements à billes qui sont graissés une fois pour toutes au moment du montage et qui peuvent marcher ainsi très longtemps.

Sur la plupart des modèles de machines, on a cependant prévu des graisseurs, et il suffit d'y verser de temps en temps une ou deux gouttes d'huile.

Quant au disjoncteur, on n'a pas à y toucher : les seuls soins à donner à l'ensemble sont des soins de propreté extérieurs, et encore ne sont-ils pas absolument indispensables.

Les seuls organes susceptibles de s'user dans une dynamo sont les balais. De temps en temps, tous les 8.000 ou 10.000 kilomètres par exemple, on démontera les balais et on les remplacera par des neufs si, à la suite de l'usure, ils se sont raccourcis d'à peu près moitié.

Le remplacement des balais peut d'ailleurs ne se faire qu'au moment où la dynamo manifeste des signes de faiblesse. Dans ces conditions, il sera prudent d'avoir à bord un assortiment de balais neufs. Notez à ce propos qu'il faut toujours sur un appareil électrique déterminé, dynamo ou démarreur, n'employer que des balais d'origine, c'est-à-dire vendus par le constructeur de la machine ou ses agents ; la composition des balais n'est, en effet, pas indifférente.

L'emploi de balais non appropriés à la machine peut provoquer une usure rapide de celle-ci. La pièce sur laquelle frottent les balais, c'est-à-dire le collecteur, s'use lui aussi, à la longue. On est prévenu de cette usure, d'abord parce que les balais s'usent trop vite au contact du collecteur détérioré, et ensuite parce que le fonctionnement de la machine devient irrégulier.

La remise en état du collecteur ne doit être faite que par un spécialiste : on doit démonter la machine et mettre l'induit sur le tour pour l'opérer. Après tournage de la surface extérieure, chacune des lames du collecteur doit être dégagée au moyen d'une scie spéciale, avec laquelle on enlève une faible épaisseur d'isolant entre chaque lame afin d'éviter une usure anormale.

Il peut se faire que le collecteur soit sale : on s'en aperçoit facilement en enlevant un balai. On le nettoiera avec un chiffon légèrement imbibé d'essence qu'on appuie sur sa surface extérieure pendant que le moteur tourne.

Si le collecteur est très sale, on peut le polir avec du papier de verre extra-fin triple zéro. Avoir soin de nettoyer ensuite avec un chiffon propre. Éviter l'utilisation de la toile émeri qui contient souvent des particules métalliques. Bien entendu, pour toutes ces opérations de nettoyage, les balais doivent être préalablement démontés.

Quand on démonte un balai et qu'on le remet en place ensuite, il faut prendre garde de le remonter dans la position même qu'il occupait auparavant, faute de quoi la portée sur le collecteur sera mauvaise. Beaucoup de balais ont d'ailleurs une forme telle qu'on ne peut pas les retourner par erreur.

La panne de la dynamo et du disjoncteur, que nous examinons ensemble, était autrefois très fréquente ; elle est devenue maintenant bien rare : elle se manifeste le plus souvent par ce fait que la dynamo ne charge pas ; on le voit en examinant l'aiguille de l'ampèremètre qui reste au voisinage du zéro quand on emballe le moteur de la voiture. Quand la dynamo ne charge pas, le défaut peut provenir, soit de la machine elle-même qui ne débite pas, soit du disjoncteur qui ne ferme pas. Pour faire le diagnostic, on met le moteur en route en le maintenant à une vitesse supérieure à la vitesse normale de conjonction et, tandis qu'un aide observe l'ampèremètre, on réunit par un fil de cuivre les deux bornes du disjoncteur, mettant ainsi celui-ci en court-circuit. Si, au moment où on établit le contact, l'aiguille de l'ampère-mètre se déplace du côté charge, il faut admettre que le coupable est le disjoncteur qui ne fonctionne pas. Si, au contraire, rien ne se produit à l'ampèremètre ou si l'aiguille s'incline fortement du côté décharge, c'est la dynamo qui est coupable.

Si l'aiguille de l'ampèremètre est restée immobile, il y a probablement un fil coupé ou un mauvais contact dans le circuit de l'induit. Si l'aiguille de l'ampèremètre est allée fortement du côté décharge, il y a également coupure, mais cette fois dans l'excitation. La dynamo ne s'excite pas, et par conséquent sa tension reste presque nulle quand on court-circuite le disjoncteur ; c'est la batterie qui se décharge dans la dynamo.

Si le disjoncteur est en cause, il n'y a naturellement qu'à le changer. S'il est mis hors de cause, on examinera d'abord le fusible d'excitation de la dynamo qui a pu sauter ; s'il est intact, on vérifiera les balais, le serrage des connexions et, si rien de tout cela ne donne de résultats, il vaudra mieux confier la dynamo à un spécialiste. Il est probable que quelque fil est coupé à l'intérieur, et il faut alors défaire les bobinages et les réparer, opération qui n'est pas à la portée du simple automobiliste.

Une cause d'irrégularité de fonctionnement de la dynamo peut parfois lui être extérieure : c'est le cas quand il y a un défaut dans l'entraînement de la machine, par exemple rupture de la courroie ou patinage excessif, qui peut se produire, d'ailleurs très exceptionnellement, si la courroie est complètement détendue. Cette panne est rare, car les courroies trapézoïdales même peu tendues assurent généralement un entraînement suffisant.

Terminons enfin en rappelant cette prescription bien connue, mais qu'on ne saurait trop avoir présente à l'esprit : on ne doit jamais faire tourner une dynamo à balai auxiliaire quand elle n'est pas branchée sur les accumulateurs ; autrement, en effet, le fusible d'excitation saute immédiatement et on devra le remplacer lorsque la connexion avec la batterie aura été rétablie. Au contraire, les dynamos à régulateur peuvent tourner sans batterie.

Chapitre X

Le démarreur

Les démarreurs utilisés sur les voitures automobiles sont, à de rares exceptions près, du même type. Un moteur électrique à excitation série, actionné parla batterie d'accumulateurs, est mis en relation, au moment où l'on veut obtenir le démarrage et à ce moment seulement, avec le volant du moteur à explosions.

Le mode d'accouplement du moteur électrique et du moteur à explosions est à peu près toujours du type à pignon coulissant.

Il n'existe guère à l'heure actuelle que deux systèmes : le système Bendix et le système Roux-Clémencet. Enfin citons pour mémoire le système d'entraînement par courroie du dynamoteur.

Rappelons en deux mots le principe du Bendix. L'arbre du moteur porte un filetage à long pas, sur lequel est monté un pignon taraudé intérieurement. Ce pignon présente un certain balourd dont nous allons voir l'utilité et, d'autre part, est monté sur l'arbre avec un jeu assez considérable.

En réalité, l'arbre qui porte le pignon n'est pas l'arbre du moteur électrique : c'est un arbre situé dans le prolongement du premier et qui est entraîné par celui-ci au moyen d'un ressort spirale travaillant à l'enroulement.

Ceci, en vue d'amortir les chocs inévitables au moment de la mise en prise du pignon avec la couronne du volant.

Au repos, le pignon du dispositif est placé à une certaine distance de la denture de la couronne du volant ; au moment où on lance le courant dans le moteur électrique, l'arbre de celui-ci est vivement entraîné. Le pignon, en raison de son balourd et de son inertie, ne suit pas immédiatement le mouvement de rotation et par suite se déplace longitudinalement sur l'arbre fileté sur lequel il est enfilé. Il vient dans ce mouvement en regard de la denture de la couronne avec laquelle il engrène. Dès que cet engrènement est réalisé, il est de nouveau immobilisé jusqu'à ce que le moteur de lancement, par l'intermédiaire du ressort, l'entraîne dans son mouvement et provoque la mise en route du moteur.

Un point sur lequel nous devons insister, c'est que le pignon du Bendix, au moment où sa denture vient en prise avec celle de la couronne, n'a qu'un mouvement de rotation très lent, mouvement qui peut même être nul, contrairement à ce que beaucoup de personnes s'imaginent.

Le dispositif Bendix a reçu depuis son origine d'assez nombreux petits perfectionnements de détail, tendant tous à augmenter sa sécurité. Une forme spéciale du ressort soustrayant à l'effort total du démarrage l'extrémité plus fragile des spires est utilisée depuis deux ans et constitue une amélioration certaine.

Pour les gros moteurs, on a prévu également un dispositif d'embrayage sur l'arbre du Bendix, qui limite automatiquement le couple pour éviter toute rupture de pièces mécaniques.

Un dispositif très analogue au Bendix, tout au moins dans son principe, sinon dans son exécution, est le lanceur Roux-Clémencet qui agit également par déplacement de surfaces hélicoïdales ; le dispositif Roux-Clémencet est utilisé par la Société Ducellier. Le pignon porte trois pièces métalliques dont chacune a la forme d'un filet de vis sans noyau central. L'arbre du moteur porte également trois pièces analogues qui, au moment de la mise en marche du moteur électrique, viennent s'enclencher avec les premières et entraînent ainsi le pignon. Quand le moteur à explosions démarre, le pignon tend à tourner plus vite que l'arbre du moteur électrique, et il se dévisse par conséquent par rapport aux surfaces hélicoïdales.

Les entraînements mécaniques comme le Bendix peuvent, dans certains cas, être l'objet d'un trouble de fonctionnement assez gênant. Il peut arriver, si le montage n'est pas bien fait, que la denture du pignon vienne se coincer avec celle de la couronne, immobilisant ainsi complètement le moteur électrique et le moteur à explosions. Aussi, prévoit-on maintenant sur les démarreurs un bout d'arbre terminé par un six-pans, sur lequel on peut agir pour opérer le décoincement, si on le juge nécessaire.

Autres systèmes

D'autres systèmes que le Bendix ou le Roux-Clémencet sont utilisés, par exemple par la maison Lavalette Bosch et par la maison Scintilla ; sur le démarreur Lavalette-Bosch, la mise en prise du pignon avec la couronne se fait d'une autre façon : le pignon est calé sur l'arbre de l'induit et l'induit se trouve poussé à l'état de repos par un ressort en dehors de l'engrènement. Au moment où on lance le courant dans le démarreur, l'électroaimant formé par les inducteurs attire l'induit dans sa position normale et le pignon vient engrener avec la couronne.

Le démarreur Scintilla se fait, soit avec entraînement Bendix, soit avec système spécial dit basculeur, dans lequel le pignon du démarreur vient en contact avec la couronne dentée du volant, en basculant autour d'un axe parallèle à l'axe général du moteur.

Un autre démarreur mérite de retenir notre attention, c'est le système à embrayage magnétique qui a été établi, il y a quelques années, par la Société Paris-Rhône, d'après les brevets Gachon.

On sait que, dans les démarreurs ordinaires, le pignon du démarreur ne vient en prise avec le volant du moteur qu'au moment du lancement, et cela, grâce à une couronne calée d'une façon inamovible sur ce volant lui-même. Imaginons qu'au contraire, la couronne dentée, ordinairement calée sur le volant, soit libre et disposée au voisinage immédiat de ce volant. Cette couronne, nous la laisserons toujours en prise avec le pignon du démarreur.

Dans le plateau constitué par la couronne, nous placerons un électroaimant circulaire qui pourra être excité par le courant de la batterie d'accumulateurs. Nous avons ainsi réalisé le système de démarrage à embrayage magnétique.

Ce système peut fonctionner de plusieurs façons, suivant les nécessités imposées par les circonstances. On peut, par exemple, au moment où on veut démarrer, commencer par exciter l'électroaimant circulaire qui porte la couronne : celle-ci vient, par suite, se coller contre le volant du moteur et s'incorporer en quelque sorte à lui. En lançant le courant dans le démarreur, le volant du moteur à explosions est entraîné, et le démarrage a lieu. Dès que le démarrage est effectué, un dispositif automatique vient couper le courant de l'électroaimant qui se détache alors du moteur, et la couronne se trouve de nouveau immobilisée.

Remarquons qu'on peut lancer le courant dans l'électroaimant et dans le démarreur au moyen du même contact sur lequel les deux enroulements sont montés en parallèle.

On peut, si on utilise ce dispositif, monter la couronne en roue libre sur le volant, de façon à éviter l'emballement du moteur électrique, si on oublie de lâcher à temps la commande de l'électroaimant.

Le démarreur à embrayage magnétique peut être utilisé comme démarreur à inertie, chose précieuse par grand froid, où, comme on sait, les moteurs exigent un couple élevé au démarrage. Remarquons, d'ailleurs, que c'est surtout pour décoller le moteur, c'est-à-dire pour faire accomplir au vilebrequin les premiers degrés de sa rotation, que le couple élevé est nécessaire. Une fois le vilebrequin décollé, le couple de lancement devient beaucoup plus faible.

Pour utiliser le démarreur magnétique comme démarreur à inertie, il suffira de prévoir, pour la couronne montée sur l'électroaimant, un roulement lui permettant de tourner sur elle-même. En même temps, on lui donnera une inertie assez considérable, en augmentant par exemple son épaisseur. Le démarreur pourra dès lors fonctionner de la façon suivante. On lancera le courant dans le moteur électrique, sans exciter l'électroaimant : le moteur prendra immédiatement une grande vitesse en entraînant la couronne. Celle-ci emmagasinera par suite une certaine force vive. C'est alors qu'on excitera l'électroaimant, et la couronne viendra s'appliquer sur le volant du moteur, en exerçant sur lui une violente friction qui absorbera sa force vive en décollant le vilebrequin. Le couple du moteur électrique suffira alors pour entretenir le mouvement du vilebrequin jusqu'à lancement définitif.

Enfin, à titre plutôt documentaire qu'utilitaire, signalons qu'il existe d'autres types de démarreurs, tels que les démarreurs à inertie, à ressort ou à air comprimé, qui ne sont pour ainsi dire pas utilisés dans l'automobile et qui ont été plutôt étudiés pour l'aviation. Nous ne les décrirons pas ici.

Chapitre XI

Les appareils d'éclairage

Lorsque, quelques années avant la guerre, on a commencé à installer sur les voitures des dynamos et des batteries d'accumulateurs, c'était à peu près uniquement pour assurer l'éclairage des phares et des lanternes. À cette époque, en effet, on ne songeait pas encore à utiliser, au moins d'une façon courante, le démarrage électrique des moteurs. Depuis, l'éclairage est resté l'un des buts principaux poursuivis par l'exploitation de l'appareillage électrique.

Au début de l'éclairage électrique, on considérait qu'il était prudent de conserver à bord des voitures électrifiées au moins un projecteur à acétylène de secours. Après quelques années d'expérience, on constata que l'éclairage électrique possédait un fonctionnement beaucoup plus sûr et beaucoup plus régulier que l'éclairage à acétylène, et les appareils de secours utilisant ce gaz disparurent complètement.

L'éclairage électrique à bord des voitures n'est devenu possible que depuis la création des ampoules à incandescence à filament métallique.

Les anciennes ampoules à filament de charbon avaient en effet une consommation beaucoup trop élevée pour qu'on pût songer à les alimenter avec les accumulateurs de la voiture. Les premières ampoules utilisées furent les ampoules à vide. Elles disparurent assez rapidement devant les ampoules à atmosphère gazeuse qui se sont largement perfectionnées avec le temps tant du point de vue rendement lumineux que du point de vue robustesse et durée de vie. Nous dirons un mot tout à l'heure des ampoules elles-mêmes. Voyons d'abord quels sont les appareils où on les emploie.

Les appareils lumineux du véhicule comportent, d'une part, les projecteurs destinés à éclairer les abords du véhicule, et, d'autre part, les feux de position destinés à indiquer aux autres usagers la présence et la limite du véhicule sur lequel ils sont montés. Citons encore, pour être complet, les appareils d'éclairage intérieur, tels que plafonniers, éclaireurs de tablier, de capot, etc. Tous ces appareils intérieurs utilisent d'ailleurs des ampoules du même genre que les feux de position et peuvent leur être assimilés du point de vue électrique.

Ce qui caractérise les projecteurs, c'est qu'ils comportent, en plus de la source lumineuse de forte puissance, un miroir de forme sensiblement parabolique qui réfléchit les rayons émis par la source et les groupe dans un faisceau assez étroit. On concentre ainsi, au moyen de ce miroir, toute la puissance lumineuse des ampoules et dans un angle solide de faible étendue, ce qui permet, avec une source d'intensité réduite (72 bougies), d'obtenir un éclairement suffisant à plus de 100 mètres en avant de la voiture.

Nous n'avons pas à parler ici de la technique des projecteurs, ni des miroirs. Nous nous bornerons à parler des appareils d'éclairage du point de vue uniquement électrique.

Les ampoules

L'élément essentiel de l'appareil d'éclairage, c'est l'ampoule électrique. Elle comporte un filament métallique qui, à l'heure actuelle, est toujours en tungstène. Le tungstène est, en effet, le métal qui possède le point de fusion le plus élevé et le point de volatilisation également le plus haut. L'expérience montre que le rendement lumineux du filament porté à l'incandescence est d'autant plus élevé que sa température est plus forte ; on a donc intérêt à utiliser comme métal du filament un métal aussi réfractaire que possible.

Le tungstène est un métal dont l'industrialisation est très récente. Il y a peu de temps, en effet, qu'on sait forger et étirer le tungstène. Pendant longtemps, on a été obligé, pour constituer des filaments de tungstène, de former une pâte avec un sel de ce métal et de porter le tout à l'incandescence pour réduire le composé métallique ; on obtenait ainsi un filament irrégulier et très fragile.

Aujourd'hui, grâce à des traitements thermiques au moyen de l'électricité, on arrive à constituer des baguettes de tungstène compactes et homogènes, baguettes qui sont d'abord allongées par martelage et qu'on passe ensuite dans des filières de diamant pour les amener progressivement au diamètre auquel on les utilise sous forme de fil.

Afin de grouper dans un volume aussi petit que possible toute la longueur du filament de l'ampoule et d'éviter ainsi la déperdition de chaleur, le fil de tungstène est enroulé autour d'une mince tige de fil de cuivre et forme une sorte de ressort à boudin. Le cuivre qui a servi de mandrin est éliminé par voie chimique, et on a ainsi à sa disposition des petites longueurs de fil de tungstène enroulées en hélice. Chacune des extrémités de ces éléments est soudée à un fil métallique servant de support. Ces fils-supports sont montés à leur tour dans le culot d'une enveloppe en verre, et les parties qui sortent de cette enveloppe sont soudées l'une sur le culot même de la lampe et l'autre sur un plot isolé placé au centre,

Dans l'ampoule, on commence par faire le vide, puis on introduit un gaz inerte qui, au début de la fabrication des lampes, était de l'azote et qui maintenant est toujours un gaz de l'atmosphère, soit l'argon ou, plus récemment, le xénon ou le krypton. L'ampoule est ensuite fermée à la lampe et prête à l'usage.

Rappelons que l'ampoule de verre est réunie au culot métallique qui lui sert de support dans l'appareil d'éclairage au moyen d'un ciment, qui est généralement à base de plâtre. C'est ce qui explique que les ampoules maintenues pendant une longue période de temps dans une atmosphère humide, arrivent à se séparer de leur culot. Si on les manie sans précaution, les fils conducteurs de courant se brisent et l'ampoule est hors d'usage. Il faut retenir de cela que les ampoules doivent être conservées dans un endroit sec et qu'en général on n'a pas intérêt à en faire une trop grande provision.

Pour quelle raison a-t-on été amené à mettre un gaz inerte dans l'ampoule ? La question est assez intéressante pour que nous nous y arrêtions un instant.

Il est bien évident tout d'abord que, si l'on portait à l'incandescence un fil de métal dans l'atmosphère ordinaire qui contient de l'oxygène, ce fil s'oxyderait très rapidement et brûlerait. C'est pourquoi, dans les premières ampoules,on a fait le vide afin de protéger le fil contre toute attaque chimique. Mais, dans les ampoules à vide, on a remarqué que le verre se noircissait très rapidement par l'intérieur. Ce noircissement était dû au phénomène suivant : aux très hautes températures (plus de 2.000°) auxquelles sont portés les filaments, la tension de vapeur du métal qui les constitue est loin d'être négligeable ; il y a donc évaporation lente du métal, et les particules ainsi vaporisées viennent se condenser sur la paroi même de l'ampoule en produisant ce noircissement dont nous avons parlé.

L'inconvénient de cette évaporation est double. D'abord, la section du fil va en diminuant en raison de l'évaporation du métal, ce qui d'ailleurs ne représente pas un bien grand inconvénient, car cette évaporation est lente ; mais, ce qui est plus grave, c'est le noircissement de l'ampoule qui diminue très rapidement le rendement lumineux de celle-ci. Pour empêcher cette évaporation, ou tout au moins la retarder, on a introduit dans l'ampoule un gaz inerte dont la pression s'oppose dans une certaine mesure à l'évaporation du métal.

Il y a tout intérêt à employer un gaz mauvais conducteur de la chaleur pour éviter le refroidissement du filament, et c'est ce qui a conduit progressivement à utiliser les gaz rares de l'atmosphère qui conduisent moins bien la chaleur que l'azote. Quoi qu'il en soit, ce refroidissement du filament n'est pas négligeable : il provoque l'échauffement intense du verre de l'ampoule, ce dont on se rend très facilement compte quand on vient à toucher une ampoule allumée depuis un instant. La température du verre est tellement élevée qu'on ne peut la tenir à la main.

La durée utile d'une ampoule électrique est, toutes choses égales d'ailleurs, d'autant plus élevée que la température du filament est plus faible. Mais on a vu qu'on avait intérêt à augmenter la température du filament pour améliorer le rendement lumineux. Il faut donc, là comme en bien d'autres cas, faire un choix entre deux propriétés opposées et réaliser une température assez élevée pour que le rendement soit bon et pas trop élevée tout de même pour que la durée utile ne soit pas trop réduite.

En réalité, les lampes des appareils d'éclairage, surtout les lampes de projecteurs, ne périssent que très rarement par rupture du filament. La fin de leur vie utile est déterminée par le noircissement de l'ampoule, et c'est un point sur lequel nous devons attirer l'attention de nos lecteurs. On ne s'aperçoit pas, en général, du noircissement du verre, qui est très progressif. Cependant, on constate que les phares font de moins en moins clair. Il suffit alors de regarder l'ampoule en la plaçant sur une surface blanche (ampoule non allumée, bien entendu), et on s'aperçoit que le verre est peu à peu devenu très opaque. En fait, quand on roule moyennement pendant la nuit, il est avantageux de changer les ampoules des phares au moins une fois par an. On évite d'ailleurs ainsi des ruptures qui peuvent se produire lorsque le verre de l'ampoule s'est décollé du culot.

Le rendement lumineux d'une lampe électrique augmente très rapidement, nous l'avons vu, avec la température du filament et par conséquent avec l'intensité du courant qui traverse le fil. Cette intensité est elle-même à peu près proportionnelle à la tension sous laquelle fonctionne la lampe. Et c'est pour cette raison qu'il y a une si grande différence dans l'éclairement du projecteur entre le fonctionnement moteur de la voiture arrêtée, quand la batterie est alors seule à débiter et la tension un peu inférieure à 12 volts, et le cas où la dynamo fonctionne et où la tension atteint environ 15 volts.

On aurait donc intérêt, afin d'obtenir un éclairage puissant à peu de frais, à utiliser des lampes très poussées. Malheureusement, nous avons vu qu'elles avaient une vie assez courte et, d'autre part, plus la température du filament est élevée, plus la lumière fournie est riche en rayons bleus et violets (rayons de courte longueur d'onde). Or, ce sont précisément ces rayons qui provoquent le plus l'effet d'éblouissement sur l'œil.

Afin d'éviter un éblouissement trop important provoqué par les phares-route, la Commission des Projecteurs a fixé une limite supérieure de consommation électrique et de puissance lumineuse pour les lampes de phares. La puissance électrique absorbée ne doit pas dépasser 36 watts par lampe, soit un courant de 6 ampères sous 6 volts ou 3 ampères sous 12 volts. La puissance lumineuse est au maximum de 2 bougies par watt, soit 72 bougies.

Dans un projecteur convenablement étudié et construit, une lampe de 72 bougies donne d'ailleurs un éclairement très suffisant.

Les ampoules de projecteurs doivent en France obligatoirement être en verre coloré en jaune, afin d'éviter un éblouissement trop intense. Il est interdit de fabriquer et de vendre en France des ampoules de projecteurs en verre incolore.

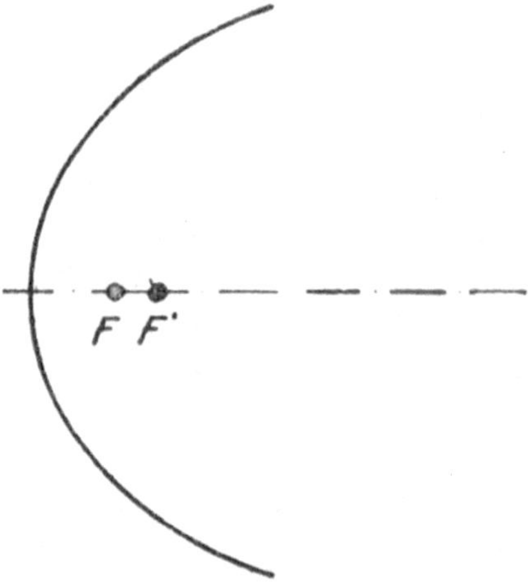

Fig. 17. — Le filament route est placé en F, au foyer du miroir ; le filament code est en avant, en F'.

Lorsque le projecteur est destiné uniquement à l'éclairage lointain (projecteur A), l'ampoule qui l'équipe est formée d'un filament unique qui, lorsque la lampe est en place, se trouve placé très sensiblement au foyer du miroir parabolique.

Dans la très grande majorité des cas, les projecteurs des voitures servent à la fois pour l'éclairage lointain dit de route et pour l'éclairage de croisement. Dans ces conditions, les lampes qui les équipent comportent deux filaments. Le filament qui sert à l'éclairage lointain est placé comme précédemment au foyer du projecteur. En avant de ce filament est placé un deuxième filament au-dessus d'une petite coupelle métallique qui forme écran : c'est le filament pour l'éclairage de croisement. Il se trouve donc décentré par rapport au foyer optique du miroir et fournira par suite un faisceau plus large. La coupelle placée au-dessous du filament empêche les rayons dirigés vers le bas d'atteindre le miroir et, par suite, il ne sort du projecteur dans la position croisement que des rayons orientés de haut en bas.

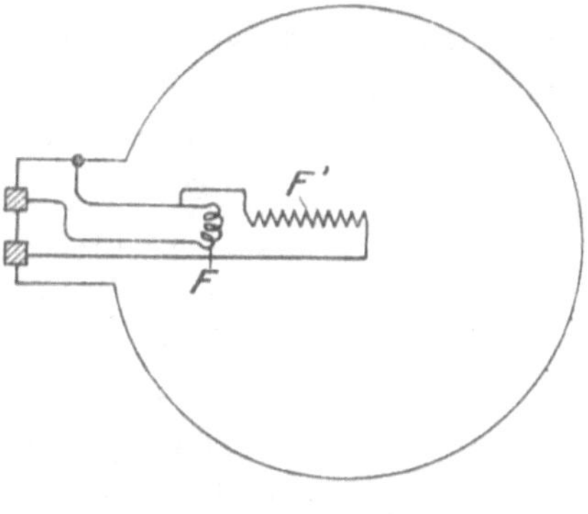

Fig. 18.— Disposition schématique des filaments route et code. F, Filament route ; F', Filament code.

Les deux filaments sont en contact l'un avec l'autre par une de leurs extrémités qui est reliée au culot de la lampe. L'autre extrémité de chacun des filaments est connectée à un plot monté sur la face arrière du culot de la lampe.

Les douilles dans lesquelles viennent s'engager les lampes comportent donc deux plots qui viennent en contact avec les plots correspondants des deux filaments. Le retour du courant se fait par le culot de la lampe, la douille elle-même et les parties métalliques du châssis.

Le culot des lampes de projecteurs est normalisé en France. Ce culot porte trois ergots disposés à 120 degrés l'un de l'autre, ergots qui viennent s'engager dans des encoches correspondantes de la douille. L'un des trois ergots est marqué d'un trait : c'est celui qui doit obligatoirement être monté dans l'encoche supérieure de la douille Dans ces conditions, la lampe est correctement orientée, c'est-à-dire que la coupelle placée au voisinage du filament de croisement est au-dessous de ce filament. Il faut soigneusement veiller au montage correct des lampes lorsqu'on en effectue le remplacement, faute de quoi l'éclairage de croisement serait complètement défectueux.

Appareillage des projecteurs

À chaque projecteur arrivent donc deux fils, l'un correspondant à l'alimentation du filament-route, l'autre à celle du filament-code ; ces deux fils sont montés en parallèle avec ceux de l'autre projecteur et sont reliés à un commutateur placé à la portée du conducteur. Celui-ci peut ainsi, par la manœuvre d'une manette, d'un bouton ou d'une pédale, passer de l'éclairage-route à l'éclairage de croisement.

Le courant est amené depuis la batterie jusqu'à l'interrupteur général d'éclairage par un fil de forte section.

L'interrupteur d'éclairage fait parfois en même temps office de commutateur, et il comporte alors trois ou cinq positions. Il donne les effets suivants : (exemple des voitures Peugeot avec commutateur à cinq positions) : commutateur tourné d'un cran, feu de position de gauche ; tourné de deux crans, feu de position de droite ; tourné de trois crans, lanternes avant et arrière ; tourné de quatre crans, éclairage-code ; tourné de cinq crans, éclairage-route.

Dans certains cas, l'interrupteur est simple et envoie le courant sur un commutateur qui donne, soit l'éclairage-code, soit l'éclairage-route.

Il existe un très grand nombre de systèmes de boutons ou appareils de commande pour l'éclairage, chaque constructeur ayant conservé ses préférences.

Les ampoules pour feux de position

Les lanternes, les feux de position et les appareils d'éclairage auxiliaire utilisent des ampoules de modèle beaucoup plus petit que les ampoules de projecteurs ; elles sont construites peu près de la même façon et sont à montées sur un culot de dimension plus faible, qui ne comporte que deux ergots et un plot central. La consommation de ces ampoules varie depuis 3 watts jusqu'à 12 ou 15, suivant la destination à laquelle elles répondent.

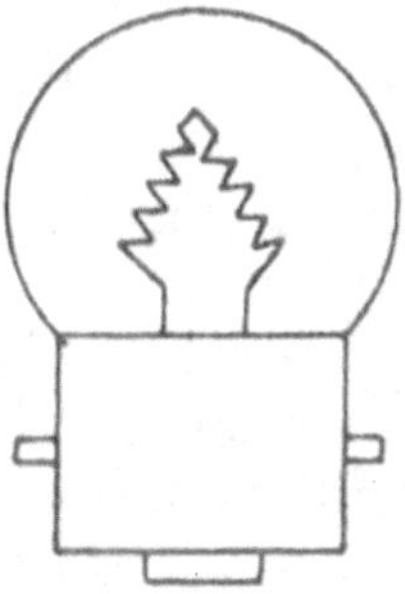

Fig. 19. – Ampoule ballon pour feux de position.

On emploie parfois sur certains appareils d'éclairage intérieur, plafonniers par exemple, des ampoules forme navette. Ces ampoules ont la forme générale de tubes très courts terminés à chacune des extrémités par un culot métallique conique ; chacun de ces culots est en relation avec l'une des extrémités du filament dont la forme générale est alors rectiligne. Les ampoules-navette se montent entre deux griffes élastiques qui remplacent la douille.

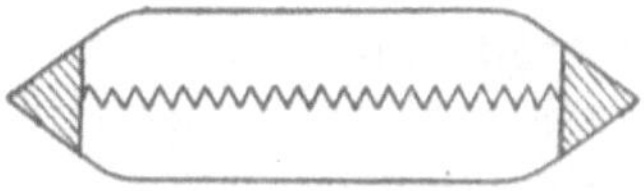

Fig. 20. – Ampoule navette pour feux de position ou plafonnier.

Tous les appareils d'éclairage sont commandés par des interrupteurs, soit individuellement, soit en groupe. Très généralement l'ampoule qui éclaire les appareils de tablier est montée en parallèle avec le contact. On a adopté ce montage pour que le conducteur soit averti qu'il a oublié de couper le courant, lorsque son moteur s'arrête d'une façon fortuite : il voit alors en effet l'éclairement de la lampe de tablier et très généralement un petit point lumineux rouge ou bleu placé sur le tablier.

Appareils indicateurs

Sur les voitures actuelles, il existe un groupe de feux destinés à signaler l'usage du frein (stop) ou les signaux avertisseurs de changement de direction.

Le stop est constitué par une lampe assez puissante, disposée à l'arrière de la voiture, très fréquemment dans la lanterne arrière même. L'interrupteur qui commande cette lampe est monté sur la pédale de frein, ou plutôt sur la timonerie de la pédale de frein. Chaque fois qu'on appuie sur cette pédale de frein, la lampe « stop » s'allume, prévenant ainsi les usagers de la route qui viennent par-derrière que le conducteur ralentit et s'arrête.

Les avertisseurs de changement de direction sont de modèles assez divers. Toutefois, on semble s'orienter assez nettement vers des bras mobiles éclairés intérieurement par une lampe. Ces bras sont, dans la position de repos, dissimulés à l'intérieur de la carrosserie ; ils sont montés sur un axe horizontal,et un électroaimant placé dans la partie fixe provoque leur basculement lorsqu'il est excité, en même temps que la lampe qui les éclaire s'allume.

Ces signaux sont commandés par un commutateur placé sur la planche-tablier ou sur le volant, commutateur à trois positions. La manette à droite indique le changement de direction à droite, à gauche le changement de direction à gauche, et dans la position milieu les deux indicateurs sont effacés. Afin d'éviter que le conducteur qui a fait un signal de changement de direction oublie de ramener la manette à zéro, on emploie assez fréquemment un commutateur à minuterie qui revient automatiquement à la position neutre au bout d'un certain temps (généralement dix secondes) ; la minuterie est commandée par un ressort qu'on bande en manœuvrant le commutateur ; ce ressort met en mouvement un engrenage à moulinet aérien. Quand l'engrenage est arrivé au bout de sa course, l'appareil revient à zéro automatiquement.

On utilise aussi parfois comme avertisseurs de changement de direction des feux clignotants. Ces feux dont les montures sont fixes attirent fortement l'attention des usagers, précisément par leur clignotement. Ce clignotement est obtenu d'une façon très simple au moyen d'un thermostat à bilame monté dans le commutateur ; le courant de l'ampoule traverse le bilame et l'échauffe en même temps qu'il allume la lampe. Lorsque le bilame est assez chaud, il se déforme et rompt le contact ; il se refroidit alors, reprend sa position primitive, rétablit le contact et ainsi de suite. Ces feux clignotants peuvent d'ailleurs être utilisés comme feux de position.

Chapitre XII

Les appareils avertisseurs

Les avertisseurs d'automobiles étaient au début universellement constitués par une trompe à anche commandée par une poire en caoutchouc. On vit ensuite apparaître les sirènes commandées par un galet frictionnant sur le volant du moteur ; puis les appareils du type klaxon commandés, soit par un appareil électrique, soit à la main. Plus tard, vinrent les vibreurs à membrane commandés électriquement et enfin les appareils à membrane vibrante par l'action de l'air comprimé. Ces appareils comportent également une commande électrique.

Notons, entre-temps, la trompe à sons multiples, le sifflet sur l'échappement, dont l'usage fut rapidement interdit par des ordonnances de police. Nous nous contenterons d'indiquer les principes de ceux qui sont encore utilisés, en nous bornant, bien entendu, aux avertisseurs à commande électrique. Nous allons les ranger en trois classes :

- Les appareils à choc ;
- Les appareils à membrane vibrante, dits à haute fréquence ;
- Les appareils à pression d'air.

Appareils à choc

Ces appareils sont constitués par une membrane métallique circulaire fixée sur son pourtour. Cette membrane porte en son centre un grain en acier trempé. Vis-à-vis de ce grain est montée une roue dentée qui, en tournant, vient frapper le grain par l'extrémité de chacune de ses dents.

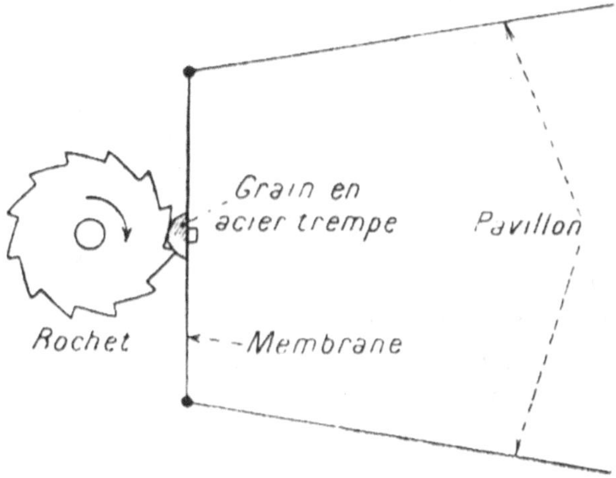

Fig. 21. — Schéma d'un appareil à choc (Klaxon).

La roue peut être entraînée à la main : c'était le cas avec les premiers appareils. Mais, par la suite, on a entraîné cette roue au moyen d'un moteur électrique, alimenté bien entendu par la batterie d'accumulateurs. Ces appareils ont été introduits par la maison Klaxon, et le nom de Klaxon qui est un nom propre déposé et qui appartient à la maison de ce nom a été depuis employé abusivement pour désigner à peu près n'importe quel appareil sonore.

On a même créé le verbe « klaxonner » qui a pris une sorte d'allure officielle, puisqu'on le voit dans les procès-verbaux de contravention où l'autorité déclare que le délinquant a ou n'a pas « klaxonné ».

Les moteurs qui actionnent les roues dentées du klaxon sont des moteurs série à courant continu, dont l'induit est généralement monté sur billes et qui absorbent un courant relativement important (60 à 100 watts). Ils comportent, en général, un dispositif de réglage par bagues excentrées qui permet de rapprocher plus ou moins la roue dentée du grain en acier de la plaque vibrante.

L'usage des klaxons, très répandu autrefois, a fortement diminué. Ce sont des appareils très puissants, dont le son est quelque peu rauque. Mais ils présentent le défaut très grave à notre époque de coûter sensiblement plus cher que les appareils à membrane, et c'est pourquoi ceux-ci leur sont généralement préférés, quoiqu'ayant un son moins puissant.

Vibreurs à membrane

Les appareils vibreurs à membrane comportent comme élément sonore une membrane en acier fixée par son pourtour sur le bâti de l'ensemble. Vis-à-vis de cette membrane, on a disposé un électroaimant ; le circuit qui alimente l'électroaimant passe par un interrupteur automatique formé par deux grains en tungstène : l'un des grains est fixe, l'autre est porté par la membrane ou en relation mécanique avec celle-ci. Quand les grains sont au contact, le courant passe, attire le centre de la membrane qui se trouve par conséquent déformé. Cette déformation est suffisante pour rompre le contact entre les grains, d'où interruption de courant ; l'élasticité de la membrane lui fait reprendre sa position première, ce qui rétablit de nouveau le contact entre les grains : nouvelle attraction de la membrane, nouvelle rupture, etc.

À chaque attraction correspond une vibration de la membrane, et ces vibrations ayant une fréquence assez grande produisent un son musical ; le son est amplifié par un cornet placé devant la membrane. Tel est, au moins, le principe de ces appareils. Dans la réalité, le mécanisme de rupture du courant a été fait aussi léger que possible pour permettre à l'avertisseur de donner un son de tonalité relativement aiguë : on peut d'ailleurs régler aisément cette tonalité en faisant varier la pression des grains l'un sur l'autre.

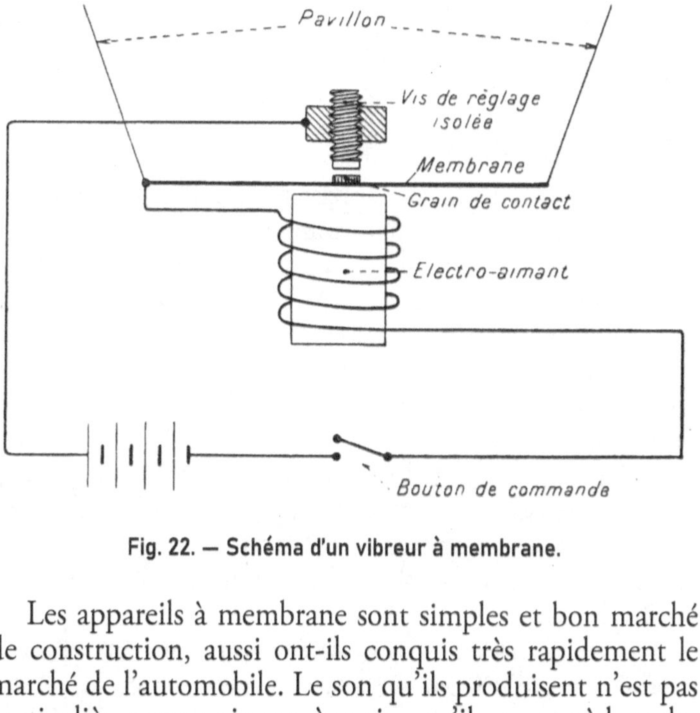

Fig. 22. — Schéma d'un vibreur à membrane.

Les appareils à membrane sont simples et bon marché de construction, aussi ont-ils conquis très rapidement le marché de l'automobile. Le son qu'ils produisent n'est pas particulièrement puissant, à moins qu'ils ne possèdent des dimensions et par suite un poids considérable. Au début, on a fait des appareils puissants, dont le son était considéré comme convenable pour la route, mais trop intense pour la ville. Aussi a-t-on prévu pour l'avertisseur-ville une résistance qu'on intercalait dans le circuit de l'alimentation, d'où un affaiblissement sensible de la puissance de l'avertisseur. Aujourd'hui, la solution généralement employée est différente : on monte presque toujours, au moins sur les voitures d'un certain prix, deux avertisseurs à membrane qui sont réglés pour donner des sons de hauteur musicale différente. Pour l'avertissement en ville, un seul des appareils est mis en circuit. Mais, pour la route, les deux appareils sont mis en parallèle et fonctionnent par conséquent en même temps. Il en résulte un son particulièrement puissant, qui est formé de la note élémentaire de chacun des deux appareils et d'une harmonique provenant des battements provoqués par l'interférence des deux notes fondamentales.

Appareils à air comprimé

Une troisième classe d'appareils, qui a eu son moment de succès, est constituée par les appareils à membrane libre, vibrant sous l'action de l'air comprimé. Une membrane métallique très légère est montée dans le corps de l'appareil aussi librement que possible. À l'état de repos, elle vient obturer les lèvres d'un orifice circulaire qui lui est concentrique. Lorsqu'on envoie de l'air comprimé par cet orifice, la membrane se trouve écartée et l'air comprimé a ainsi libre passage ; il contourne la membrane, pénètre dans un deuxième compartiment par des trous disposés tout autour de la membrane et provoque par le mouvement de retour de cette membrane une nouvelle obturation de l'orifice.

La membrane entre ainsi en vibration, et les sons produits, amplifiés par un cornet d'assez grande longueur, acquièrent une puissance considérable ; ils ont le précieux avantage de présenter un caractère musical bien net et, malgré leur puissance, ne sont jamais désagréables à l'oreille.

L'air comprimé est fourni par un compresseur à palette entraîné par un moteur électrique, lequel est naturellement alimenté par la batterie.

La consommation de courant nécessaire pour le fonctionnement de ces appareils est considérable : de l'ordre de 150 à 200 watts et parfois davantage. On est donc fréquemment obligé, si l'on veut éviter les chutes de tension sur le circuit de commande, de les commander par relais, en les plaçant aussi près que possible de la batterie d'accumulateurs, d'où un montage un peu compliqué.

Mais ce qui a provoqué l'abandon progressif de ces appareils par le public, malgré leurs très grands avantages que nous avons exposés, c'est leur prix très élevé. Un avertisseur de ce genre est vendu dans les environs de 1.000 francs, ce qui, évidemment, ne tente guère les automobilistes d'aujourd'hui.

Chapitre XIII

L'essuie-glace

L'essuie-glace est un appareil important dans l'équipement électrique de par le rôle qu'il est appelé à jouer. Il vient d'ailleurs d'être rendu obligatoire par un récent décret.

Les premiers essuie-glaces étaient de simples balais que l'on manœuvrait, à la main. Très rapidement, ils ont fait place à des essuie-glaces mécaniques, entraînés généralement par un moteur à dépression. Les essuie-glaces à dépression présentent le très fâcheux inconvénient de cesser de fonctionner dès qu'on appuie à fond sur l'accélérateur. Il est, par suite, difficile de dépasser une voiture, par exemple, par temps de pluie. Ils avaient pour eux leur bon marché, et c'est pourquoi on les trouve encore sur quelques petites voitures.

Il existe également des essuie-glaces commandés mécaniquement par un flexible entraîné soit par le moteur, soit par la boîte de vitesses. Mais la faveur générale s'est nettement orientée vers l'essuie-glace à commande électrique, le seul dont nous ayons à nous occuper ici. L'essuie-glace électrique comporte un moteur électrique à rotation continue qui doit entraîner un ou plus généralement deux balais à mouvement rotatif alternatif.

Le problème de l'essuie-glace réside pour une grosse part dans la transformation du mouvement de rotation continu et à grande vitesse du moteur, en mouvement d'oscillation alternatif à faible vitesse des balais.

On commence par démultiplier le mouvement du moteur au moyen d'engrenages, chose qui ne présente aucune difficulté. Le mouvement alternatif est obtenu, soit par un dispositif d'engrènement discontinu à crémaillère, soit par une transformation par bielle : l'arbre qui sort du moteur porte un maneton excentré qui tourne d'une façon continue, la circonférence servant de trajectoire à ce maneton ayant un rayon que nous appellerons R. Sur ce maneton sont montées deux bielles qui s'articulent par une autre extrémité sur un bras portant le balai. Ce balai pivote autour d'un point fixe, le point d'articulation du balai étant choisi de telle sorte que l'arc décrit par ce point ait la longueur 2 R du diamètre de la trajectoire du maneton de commande. Ce dispositif est extrêmement simple et fonctionne parfaitement. Il a d'ailleurs été, ces temps derniers, l'objet de poursuites en contrefaçon, et il semble, d'après les renseignements qui nous ont été fournis et sur la valeur desquels nous ne pouvons donner aucune garantie, que le dispositif soit actuellement dans le domaine public.

Le moteur électrique de l'essuie-glace est un faible consommateur de courant : environ 15 watts ; il est commandé par un interrupteur placé très fréquemment sur le moteur lui-même ; d'autres fois sur la planche-tablier.

Dans les essuie-glaces modernes comme le dernier type présenté par la maison S.E.V., un perfectionnement important est apparu sous le nom de Aréfix, ce qu'on doit traduire naturellement par : arrêt fixe.

Dans un essuie-glace ordinaire, quand on arrête le moteur, les balais prennent une position quelconque qui peut être gênante pour le conducteur ; on doit donc choisir habilement le moment où on arrête le moteur pour que le balai se trouve dans une position convenable.

Afin d'éviter cette sujétion, le système Aréfix de S.E.V. provoque automatiquement l'arrêt des balais dans leur position d'écartement extrême, là où ils se trouvent complètement effacés et ne gênent par conséquent en rien la vue du conducteur.

L'Aréfix a été décrit dans *La Vie Automobile*. Rappelons simplement son principe : Quand l'appareil fonctionnant, si on actionne la manette d'arrêt, on libère un verrou qui se déplace devant une plaque fixe percée d'un trou. Ce trou est placé de telle façon qu'au moment où le verrou arrive en face, le balai soit précisément dans la position souhaitée par l'arrêt. Quand le verrou est en face du trou, il se déclenche, provoquant l'interruption de courant. Pour la remise en marche, la manette réarme le verrou, rétablissant ainsi le courant dans le moteur et libérant le mécanisme. L'appareil se met en mouvement.

L'essuie-glace S.E.V. comporte d'autres perfectionnements antérieurs non négligeables. C'est ainsi, par exemple, que les balais ne sont pas calés d'une façon absolue sur leur arbre de commande et, si on exerce sur eux un effort suffisant, on les déplace sans dommage pour le mécanisme. Ils se recalent automatiquement dès que l'appareil est remis en mouvement. Ce système a été réalisé pour éviter le déréglage de l'essuie-glace quand on nettoie le pare-brise.

Dans les premiers essuie-glaces, et pendant longtemps encore, les deux balais ont eu un mouvement parallèle. Dans les derniers modèles, et en particulier dans le système Aréfix, les deux balais ont un mouvement symétrique, c'est-à-dire qu'ils se rapprochent ou s'éloignent.

Notons, en terminant, que la qualité du balai joue un très grand rôle du point de vue efficacité de l'essuie-glace : avec un balai bien étudié et un moteur assez puissant, un essuie-glace arrive à nettoyer rapidement une glace salie par de la boue sèche.

Chapitre XIV

Les appareils de chauffage

Depuis quelques années, les constructeurs d'automobiles se sont préoccupés d'améliorer le confort des occupants de la voiture pendant l'hiver et ont créé à cet effet un certain nombre d'appareils de chauffage au fonctionnement desquels participe plus ou moins l'électricité. Nous n'en parlerons qu'autant qu'ils intéressent l'équipement électrique pour une part plus ou moins grande.

Ces appareils de chauffage peuvent être complètement électriques : c'est le cas lorsqu'ils sont formés par des résistances parcourues par le courant. Dans d'autres, la source de chaleur est indépendante de l'installation électrique, mais le mouvement de l'air dans l'appareil de chauffage est commandé électriquement. C'est le cas des appareils modernes où on utilise la chaleur du radiateur.

Voyons d'abord les appareils purement électriques.

Les seuls qui soient d'un usage courant à l'heure actuelle sont les dégivreurs de pare-brise. Ils sont constitués par un ou plusieurs fils à haute résistance, disposés parallèlement et placés à la partie inférieure du pare-brise. Dans certains appareils, le fil est porté par une monture que deux ventouses appliquent sur la glace. Dans d'autres, les fils, au nombre de deux ou quatre, sont montés dans un cadre pourvu d'une glace qui vient se placer toujours par ventouses contre le pare-brise, à l'intérieur de la voiture.

Dans l'un et l'autre systèmes, lorsqu'on veut chauffer la glace du pare-brise, c'est soit pour enlever la buée, soit plus souvent pour faire fondre le givre qui se dépose à l'extérieur par temps froid et humide. On lance le courant dans les résistances. Celles-ci sont portées à haute température : elles provoquent le long de la glace du pare-brise la formation d'un courant d'air chaud ascendant qui vient lécher la glace et la réchauffe suffisamment pour empêcher le givre de se former, ou au moins pour l'obliger à fondre à mesure qu'il se forme.

La consommation de ces dégivreurs est relativement élevée, de l'ordre de 50 watts à peu près, parfois davantage ; certains d'entre eux peuvent d'ailleurs être alimentés sous plusieurs puissances, par un groupement convenable des fils. Comme leur usage est toujours intermittent, il n'impose pas en général à la batterie une fatigue excessive.

Il convient, lorsqu'on les emploie, d'éviter de les laisser en service quand la voiture est arrêtée : la chaleur qu'ils dégagent peut provoquer, en effet, la rupture de la glace du pare-brise.

On a utilisé, d'ailleurs assez peu, des réchauffeurs électriques pour carburateurs : ils sont constitués par une résistance placée sur l'admission d'air de l'appareil. Comme ils doivent produire une grande quantité de chaleur en peu de temps, ce sont en général de très gros consommateurs de courant. Leur emploi est d'ailleurs exceptionnel et, depuis qu'on a pourvu au départ facile des moteurs par d'autres moyens (starter), ils ont pratiquement disparu.

On a utilisé aussi des tapis chauffants pour les occupants de la voiture. Ces tapis, assez gros consommateurs de courant, ne sont plus guère employés aujourd'hui.

Signalons enfin les vêtements chauffants en usage courant sur les avions, mais peu usités pour l'automobile. Il existe des gants, des chaussures, voire des combinaisons tout entières qui sont chauffés électriquement. Leur utilisation ne présente pratiquement pas d'intérêt sous nos climats, et surtout dans les voitures fermées.

Avant d'en terminer avec les réchauffeurs électriques, nous devons dire un mot des résistances chauffantes destinées à empêcher le gel de l'eau de circulation. Ces résistances, montées dans une cage en tôle perforée, sont en général alimentées, non pas par le réseau de la voiture, mais par le courant du secteur au garage. Elles sont d'un emploi commode pendant l'hiver, quand on craint une mise en route difficile. Certains types de réchauffeurs électriques comportent deux enroulements : l'un, très résistant, fait pour marcher sur 110 volts (courant du secteur) ; l'autre, moins résistant, peut être alimenté par la batterie de la voiture. Dans ce cas-là, l'appareil est employé pendant la nuit et au garage pour réchauffer l'air du capot. Au moment du départ et pendant qu'il est encore chaud, on le place à l'intérieur de la voiture où il sert de chaufferette pour les occupants.

Voyons maintenant les appareils où l'électricité n'intervient que secondairement pour le chauffage ; ce sont les appareils où la chaleur est fournie par le moteur, grâce à une dérivation de l'eau chaude du radiateur. Ils sont constitués, comme on sait, par un petit radiateur monté en parallèle avec le radiateur ordinaire et placé à l'intérieur de la carrosserie.

Derrière le radiateur est disposé un ventilateur mû par un moteur électrique. À l'avant, le radiateur est masqué par des volets mobiles. Enfin, une dérivation de l'air chaud peut être amenée par une tuyauterie appropriée jusqu'en arrière du pare-brise et sert au dégivrage.

Quand on veut se servir du réchauffeur, on ouvre les volets du radiateur et on met le moteur électrique en marche : l'air de la caisse traverse alors l'élément chauffant et se trouve ainsi porté en entier et assez rapidement à une température suffisante, même par les plus grands froids. Les appareils de ce genre ne consomment que peu de courant, de l'ordre de 30 à 50 watts.

Pour faire disparaître la buée qui se dépose par temps humide et froid à l'intérieur des glaces, on utilise un petit ventilateur électrique dont l'hélice est généralement en feuille de caoutchouc, ceci afin d'éviter tout danger au cas où on viendrait à toucher l'hélice du ventilateur pendant qu'il est en mouvement. Ces appareils se montent, soit sur la colonne de direction, soit sur la planche porte-appareils. On peut, pendant l'été, les utiliser en les orientant autrement, pour rafraîchir le visage des occupants. La Maison S.E.V. a été, croyons-nous, la première à présenter ces appareils sur le marché français. Leur consommation est très réduite : pratiquement la même que celle de l'essuie-glace électrique.

Chapitre XV

Les appareils de T. S. F.

Un très grand nombre de voitures américaines sont munies par leurs constructeurs mêmes d'appareils radiophoniques. En France, la T. S. F. pour voitures ne connaît pas le même succès qu'aux États-Unis et ne se développe guère. La raison principale paraît résider dans la contre-publicité qui a été faite aux appareils de T. S. F. pour voitures par une adaptation maladroite sur les taxis de Paris.

Les appareils de T. S. F. pour voitures sont conçus pour pouvoir être alimentés par courant continu de 6 ou 12 volts et ensuite pour consommer aussi peu que possible. Nous n'avons pas à entrer dans le détail de leur construction. Contentons-nous de signaler leurs caractéristiques principales : le courant de chauffage des lampes est fourni directement par la batterie d'accumulateurs : les lampes utilisées tolèrent, en général un courant d'alimentation de 6,2 volts c'est-à-dire la tension même des installations dites à 6 volts. Dans les appareils pour installations à 12 volts, on monte les lampes en série deux par deux pour le chauffage.

Le courant de plaque à haute tension est obtenu de deux façons : dans les appareils les plus soignés, une commutatrice tournante à deux collecteurs est alimentée du côté moteur par le courant de la batterie et fournit, du côté génératrice, un courant de 250 volts en général. Ces commutatrices, complètement blindées, sont enfermées avec leur dispositif de filtrage dans une caisse métallique que l'on place quelque part sur le châssis.

Le prix de revient d'une installation de ce genre est naturellement assez élevé, et on a cherché à la simplifier. La solution trouvée pour la production du courant à haute tension est particulièrement élégante.

On sait que rien n'est plus aisé que de changer la tension d'un courant alternatif, ou plutôt, d'obtenir, avec un courant alternatif à basse tension, un autre courant alternatif à tension élevée au moyen d'un transformateur fixe.

Mais, à bord des voitures, on ne dispose que de courant continu qui ne se prête pas sous cette forme à la transformation ; on va donc d'abord transformer ce courant continu, non pas en courant alternatif, mais en courant variable. Pour cela, on se sert d'un vibreur analogue à un vibreur de bobine Ruhmkorff[3] ; le courant continu se trouve en quelque sorte découpé en tranches à très grande fréquence. Ces éléments de courant variable sont envoyés dans le primaire d'un transformateur, dont le secondaire fournit un courant, alternatif cette fois, à la tension désirée. Le courant alternatif est redressé et filtré et peut ainsi alimenter les plaques des lampes. Au fond, les vibreurs utilisés pour l'élévation de tension du courant fonctionnent sur le même principe que la vieille bobine Ruhmkorff que nous avons connue dans notre enfance. Chacun des éléments est simplement plus soigné et a été établi en vue d'un bon rendement. Les appareils à vibreur font entendre un bruit caractéristique lorsqu'on les met en marche, bruit

[3] Cf *La bobine Ruhmkorff*, A. Loiseau, rééd. Deccopman 2020.

qui s'atténue et même disparaît complètement, lorsque les sons commencent à sortir du haut-parleur.

Les appareils de T. S. F. pour voitures se présentent sous deux formes différentes : les appareils monoblocs et les appareils à plusieurs éléments.

Les appareils monoblocs, qui sont tous à vibreur, comportent dans la même boîte le système d'alimentation, l'amplificateur proprement dit et le haut-parleur qui est toujours un haut-parleur dynamique.

Leur volume est assez réduit pour qu'on puisse les placer assez facilement, même sur une voiture qui n'a pas été prévue pour cela.

Dans les appareils à éléments séparés, on a en général trois éléments et parfois deux. Le dispositif d'alimentation est presque toujours dans ce cas-là constitué par une commutatrice ; dans un deuxième bloc, le poste proprement dit et le troisième élément est constitué par le haut-parleur. Deux de ces trois blocs peuvent d'ailleurs être aménagés en un seul.

La commande du poste se fait par un système à deux boutons avec cadran lumineux ; le carter qui contient les boutons de commande est disposé, soit sur la planche tablier, soit sur la colonne de direction. Un des boutons provoque la mise en marche de l'appareil et règle l'intensité du son. L'autre permet le réglage suivant la longueur d'onde.

La plupart des appareils américains ne peuvent recevoir que des ondes moyennes jusqu'à 550 mètres environ. Dans les appareils fabriqués en Europe, on dispose d'un troisième bouton qui permet de passer sur petites ondes ou grandes ondes.

L'antenne a été jusqu'à ces temps-ci placée dans le toit de la voiture. Elle est constituée par un grillage métallique disposé sur les arceaux de la carrosserie, dans la partie du pavillon qui n'était pas recouverte de tôle. Elle doit naturellement être convenablement isolée. Un fil blindé descend du treillage métallique jusqu'au poste.

Avec la carrosserie actuelle dont la toiture est complètement métallique, on est obligé de chercher une autre disposition pour l'antenne, On la place parfois en dessous de la voiture, sous les marchepieds ou sous l'emplacement des marchepieds. On peut utiliser également l'un des pare-chocs convenablement isolé, en général le pare-choc arrière.

Enfin, on se sert aussi de petites antennes courtes, constituées par un ou plusieurs fils de gros diamètre disposés au-dessus du pavillon de la voiture, à peu près horizontalement.

On peut également avoir une antenne verticale du type télescopique, qui, à l'état de repos, n'a qu'une faible longueur et qui, lorsqu'on veut se servir de l'appareil, est développée sur une hauteur d'environ cinquante centimètres.

Les appareils de T. S. F. pour voitures doivent naturellement présenter une très grande sensibilité, puisque l'antenne a une hauteur théorique très faible — 0,20 m dans les cas favorables — et cependant être complètement soustraite à l'action des parasites.

L'antiparasitage de la voiture constitue un des problèmes les plus difficiles à résoudre dans l'installation des postes.

On la réalise d'une façon à peu près suffisante pour les ondes de longueur courante (plus de 200 mètres), en intercalant des résistances en série sur les fils des bougies et en montant des condensateurs en parallèle sur les fils de sortie de la dynamo. On place également, souvent, des condensateurs en parallèle sur les différents appareils électriques susceptibles de provoquer la formation de parasites (essuie-glace, ventilateur, etc.).

On ne se trouve d'ailleurs pas ainsi complètement à l'abri de tous parasites. On a constaté, en effet, que le roulement même de la voiture et le déplacement relatif de certains de ses organes provoquent la formation de charges d'électricité statique.

Le problème ne peut pas être considéré encore comme complètement résolu : des études très poussées sont faites actuellement, surtout aux États-Unis où, dans certains types de voitures, on a prévu des liaisons métalliques de certains des organes tournants, afin de permettre l'écoulement continu des charges statiques provoquées par le roulement.

Parmi beaucoup d'autres, indiquons qu'une de ces sources d'électricité statique est constituée par le frottement des garnitures de freins sur les tambours. Il est, en effet, courant de constater que, lors d'une audition même très pure, on entend une friture considérable au moment d'un coup de frein.

L'usage de la T. S. F. à bord des voitures doit, à notre avis, se répandre chez nous. Il est particulièrement agréable pour la circulation en ville, surtout depuis la disparition ou au moins la raréfaction des lignes de tramways. Le fil aérien des tramways à trolley constituait, en effet, un magnifique émetteur de parasites.

Sur les routes, la T. S. F. est d'une audition moins commode : dès que l'allure est élevée, elle est, en effet, troublée mécaniquement, pourrait-on dire, par les bruits de la voiture.

D'autre part, sur une très grande longueur, nos routes nationales sont bordées par des lignes électriques à haute tension, qui émettent continuellement des ondes dont l'effet est particulièrement fâcheux sur la pureté des auditions.

La consommation des appareils de radiophonie à bord des voitures est de l'ordre de 30 à 50 watts, en général ; elle peut atteindre, dans certains cas, une puissance beaucoup plus élevée.

Un dernier mot, avant de terminer ce chapitre, au sujet du montage de postes 6 volts sur des voitures dont l'installation est à 12 volts. On sait qu'aux États-Unis les voitures de tourisme possèdent généralement une installation électrique 6 volts. Comme la plupart des postes de voitures dont on dispose en France sont construits en Amérique, ils sont souvent prévus pour des installations 6 volts, alors que la voiture sur laquelle on se propose de les monter a une installation 12 volts.

On peut être tenté de monter ces postes sur la moitié de la batterie, soit trois éléments.

Ce mode de montage doit être rejeté : il est facile de voir, en effet, que, dans ces conditions, la moitié de la batterie qui alimente le poste fournit plus de courant que l'autre moitié, alors qu'elle en reçoit de la dynamo la même quantité, puisqu'elle est montée en série avec l'autre. Le résultat, c'est que cette demi-batterie se trouvera déchargée si l'autre moitié a sa charge normale, ou que, au contraire, la demi-batterie qui ne travaille pas sera anormalement chargée et que ses plaques se détérioreront si la batterie alimentant le poste a sa charge normale.

On pourrait, il est vrai, être tenté de prévoir un commutateur permettant d'alimenter le poste, tantôt par une demi-batterie, tantôt par l'autre : cette solution est à rejeter complètement et présente, d'ailleurs, des dangers certains.

Dans tous les postes de voiture, en effet, une des bornes d'alimentation est mise à la masse. Cette borne doit donc obligatoirement être mise en relation avec la borne de la batterie qui est elle-même à la masse ; on n'a donc pas le choix pour la demi-batterie qui doit alimenter le poste. Si, en effet, on alimentait avec la demi-batterie voisine du pôle isolé, l'autre demi-batterie se trouverait automatiquement en court-circuit.

La seule solution, c'est de monter en série avec l'alimentation du poste une résistance fixe qui absorbe la tension supplémentaire et ramène la tension d'alimentation aux environs de 6 volts.

On détermine l'importance de cette résistance, en mesurant la consommation du poste. On peut la déterminer par tâtonnement, en se servant du voltmètre monté sur l'alimentation même du poste ; on fait varier la résistance jusqu'à ce que le voltmètre indique 6,5 volts quand la dynamo tourne.

La résistance ainsi utilisée doit être placée dans un endroit tel qu'elle se refroidisse aisément : elle reçoit, en effet, d'une façon constante un courant assez important dont elle doit obligatoirement dissiper l'énergie.

Chapitre XVI

Usage et entretien de l'équipement électrique

Les divers organes de l'équipement électrique de la voiture fonctionnent généralement d'une façon satisfaisante, à la condition expresse qu'ils aient été convenablement et soigneusement montés à l'origine et que, d'autre part, on leur donne les quelques soins d'ailleurs peu nombreux qui leur sont indispensables.

Lorsqu'on prend livraison d'une voiture neuve, il est essentiel de vérifier le fonctionnement de tous les appareils électriques en présence des services de livraison du constructeur ou de l'agent, afin de pouvoir exiger la remise en état, s'il y a lieu, avant prise de possession définitive. Cette vérification peut être très rapide : on verra d'abord si le démarreur donne une mise en route franche : s'il se révélait comme paresseux, ce serait un indice d'une charge insuffisante de la batterie. Rien de bien grave de ce côté, puisque la batterie se chargera au cours de l'usage qu'on fera de la voiture.

D'ailleurs, il est fréquent et pour ainsi dire normal que, dans une voiture neuve, la batterie n'ait pas sa charge complète. Très souvent, en effet, les accumulateurs sont livrés au constructeur à l'état sec, afin qu'ils puissent se conserver en magasin sans détérioration. L'électrolyte n'est versé dans les éléments qu'au dernier moment et, dans ces conditions, toute l'énergie dont la batterie est capable ne pourra être constituée qu'après quelques heures d'usage.

On vérifiera que la dynamo donne sa pleine charge en se servant, bien entendu, des indications de l'ampère-mètre. Cette pleine charge est variable d'une voiture à l'autre. On peut admettre comme bonne une charge de 20 ampères environ dans les installations six volts et de 12 ampères avec les installations douze volts (à froid).

Le fonctionnement du disjoncteur sera correct s'il ferme dès qu'on commence à accélérer le moteur et s'il ouvre lorsqu'on le laisse ralentir de nouveau.

L'ampèremètre traduit le fonctionnement du disjoncteur de la façon suivante : le moteur tournant au ralenti, accélérons très progressivement sa marche. Nous voyons l'aiguille de l'ampèremètre qui, d'abord, indiquait une décharge de 2 à 4 ampères (courant d'allumage) remonter vers zéro dès que le moteur a atteint la vitesse de rotation de ralenti. Au moment où, le moteur tournant plus vite, la dynamo s'amorce, l'aiguille de l'ampèremètre quitte brusquement le zéro pour osciller du côté charge ; le disjoncteur vient de fermer. En continuant à accélérer, on constate que l'aiguille de l'ampèremètre s'incline de plus en plus du côté charge, et elle atteint bientôt sa position maximum qui doit correspondre aux indications que nous avons données tout à l'heure.

Accélère-t-on davantage ? L'aiguille de l'ampèremètre descend, phénomène normal, puisque, dans les dynamos à régulation par troisième balai, le débit passe par un maximum et diminue ensuite.

On laisse le moteur ralentir, toujours progressivement : l'aiguille de l'ampèremètre redescend à zéro, incline du côté décharge, puis, pour une allure assez ralentie du moteur, revient brusquement à zéro : le disjoncteur vient d'ouvrir.

On vérifiera aussi naturellement le bon fonctionnement de tous les appareils d'éclairage et autres : phares de route, phares de croisement, lanternes, feux de position, lanterne arrière, plafonnier, stop, indicateur de changement de direction, éclaireur de tablier, etc.

Lorsqu'on part pour une randonnée quelque peu prolongée, il est prudent d'emporter quelques rechanges pour l'équipement électrique. Voici celles que nous considérons indispensables à un automobiliste prudent.

D'abord une courroie de commande de la dynamo qui est en général la même que la courroie du ventilateur.

Puis, deux ampoules de phares, deux ampoules de lanternes et éclaireur de tablier. Un morceau de 1,50 m à 2 mètres de fil isolé. Un rouleau de chatterton, un ou deux fusibles de dynamo... quelques fusibles de réseau si l'installation en comporte : le tout réuni dans une petite boîte suffisamment solide et bien fermée. Avec cela, on peut aller très loin.

Il est inutile d'emporter des balais de rechange pour les dynamos : les balais ont, en effet, une durée assez longue (au moins 10.000 ou 15.000 kilomètres et souvent davantage). Si on a lieu de penser qu'ils sont près de leur fin, on les vérifiera avant le départ et on les changera, s'il le faut.

Un balai peut être considéré comme usé quand sa longueur a été réduite à la moitié ou au tiers de sa longueur primitive.

Chapitre XVII

Surveillance de l'équipement électrique en service courant

La surveillance de l'équipement électrique se fait d'une façon constante par l'observation de l'ampèremètre : cet instrument indique l'importance et le sens du courant qui va à la batterie. N'oubliez pas, en effet, que l'ampèremètre est toujours monté entre le tableau de distribution et la batterie et que, par suite, il indique, non pas le courant total débité par la dynamo, mais le courant qui, après utilisation par les appareils en service, reste disponible pour charger la batterie. En principe, l'aiguille de l'ampèremètre ne doit jamais dépasser le zéro du côté décharge, sauf, bien entendu, pendant la marche à l'extrême ralenti ou l'arrêt de la voiture. Autrement dit, la batterie doit toujours être traversée par un courant de charge plus ou moins intense, suivant l'utilisation qui est faite des appareils électriques.

Dans une dynamo pourvue d'un régulateur ou possédant un double débit, le courant de charge est à peu près proportionnel à l'état de charge de la batterie et à l'utilisation des appareils. Avec les dynamos à troisième balai, au contraire, en marche à pleine allure et quand aucun appareil électrique ne fonctionne, le courant qui traverse l'ampèremètre, et par conséquent la batterie, atteint son maximum pour une vitesse double de la vitesse de conjonction. Il reste limité à une valeur de 4 à 6 ampères dans les dynamos Compound ou possédant un régulateur.

On peut tolérer que l'aiguille de l'ampèremètre reste à zéro ou même descende très légèrement du côté décharge (un ou deux ampères au maximum) quand tous les appareils électriques sont en fonctionnement. Savoir : phares allumés, essuie-glace en marche, éclaireur de tablier allumé, boîte de vitesses électrique en fonctionnement et, éventuellement, chauffage en marche.

On n'oubliera pas que le débit d'une dynamo est toujours plus considérable quand la machine est froide que lorsqu'elle est chaude. Par conséquent, les indications de l'ampèremètre sont plus généreuses au départ qu'après une demi-heure ou trois quarts d'heure de marche : il y a là un phénomène absolument normal.

Certaines voitures sont livrées sans ampèremètre, et le seul instrument dont on dispose pour vérifier le fonctionnement de l'équipement est constitué par une lampe qui s'allume au moment où on met le contact d'allumage et qui s'éteint lorsque le disjoncteur ferme. Un tel indicateur est évidemment insuffisant pour se rendre compte de la régularité de la charge fournie par la dynamo. Si la lampe s'éteint à allure suffisante du moteur, cela veut dire simplement que le disjoncteur est fermé ; mais cela ne signifie pas que la dynamo débite assez de courant pour alimenter tous les appareils en service. Il peut fort bien se faire que la batterie se trouve en décharge, bien que la lampe soit éteinte. Il est vivement recommandable de faire monter un ampèremètre sur le tableau de bord, seul instrument permettant d'exercer sur l'équipement électrique une surveillance suffisante. La présence d'un voltmètre serait aussi très souhaitable : cet appareil donne en effet des indications précieuses sur l'état de charge de la batterie.

Lorsqu'on fait un usage fréquent de la voiture, en ville, pendant l'hiver, en laissant les lanternes ou feux de position allumés à l'arrêt, il n'est pas rare que la batterie débite plus de courant qu'elle n'en reçoit.

Dans ces conditions, elle se vide lentement. Les premiers signes d'insuffisance de charge se manifestent au moment de la mise en route du moteur à froid : le démarreur est paresseux et peut ne pas arriver à faire tourner le moteur assez vite pour qu'il démarre.

Dans ces conditions, il est indispensable de procéder au rechargement de la batterie à domicile. Nous en avons dit un mot déjà. Rappelons qu'il est très recommandable de posséder un chargeur d'accumulateurs dans son garage : il en existe actuellement de nombreux modèles parfaitement adaptés à tous les besoins, depuis ceux du simple particulier qui ne possède qu'une voiture, jusqu'à ceux du garage qui doit entretenir un grand nombre de batteries.

Chapitre XVIII

Les pannes d'équipement électrique

Nous allons examiner ici très rapidement les pannes qui peuvent frapper l'équipement électrique d'une voiture en cours de service, en indiquant chaque fois la cause des pannes d'après les symptômes constatés et les remèdes à y apporter. Il est bien entendu qu'il ne s'agit ici que de pannes courantes et que nous n'indiquons la façon d'y remédier que quand c'est du ressort de l'automobiliste non spécialisé.

L'insuffisance de charge de la batterie, nous avons vu comment elle se manifeste.

On vérifiera dans ce cas que le niveau de l'électrolyte atteint bien la hauteur normale (environ 1 centimètre plus haut que le bord supérieur des plaques).

Si tout est en ordre de ce côté, il faut incriminer, soit la dynamo, qui aurait un débit insuffisant, soit l'usage exagéré des appareils d'éclairage à l'arrêt.

Si le débit de la dynamo est insuffisant, on peut l'augmenter légèrement en décalant le balai d'excitation et en le rapprochant du balai principal voisin (le balai d'excitation doit être déplacé dans le sens même où tourne l'induit). Il est recommandé d'aller très prudemment dans le déplacement de ce troisième balai, afin de ne pas surcharger la dynamo qui aurait alors tendance à chauffer et pourrait dans les cas extrêmes être mise hors d'usage.

Si la dynamo cesse brusquement de charger, il est probable que le fusible d'excitation a sauté ou s'est desserré : on s'assurera de son intégrité et au besoin on le remplacera. Il sera bon de rechercher la cause qui a pu faire sauter ce fusible : c'est généralement un mauvais contact entre la borne de sortie du courant de la dynamo et la batterie. N'oublions pas en effet qu'une dynamo à troisième balai, qui tourne sans être montée en parallèle avec la batterie d'accumulateurs, fait sauter immédiatement son fusible d'excitation.

On se gardera, bien entendu, de remplacer ce fusible par un fil de cuivre, ce qui supprimerait toute protection pour la dynamo. Si, poussé par la nécessité en cours de route, et le manque de rechange, on en est réduit à cette solution, on ne manquera pas de remettre un fusible dès qu'on en aura la possibilité.

Si tout est intact du côté de la dynamo et si, malgré cela, la charge ne se fait pas, on pourra voir du côté disjoncteur. En enlevant le couvercle du disjoncteur, ce qui est en général facile, on verra si l'armature vient se coller sur l'électroaimant lorsque le moteur tourne à son régime normal. S'il n'en est pas ainsi, on pourra presser avec le doigt sur l'armature mobile et voir si, dans ces conditions, elle reste dans la position de fermeture. C'est là une solution de fortune, car, si le disjoncteur ne ferme pas de lui-même, il est probable que la dynamo est en cause. On devra la faire revoir à la prochaine occasion chez un spécialiste.

Il peut arriver que, aux très grandes allures du moteur, l'aiguille de l'ampèremètre se mette à sauter brusquement d'une division à l'autre. Il est probable, dans ce cas, que le disjoncteur décolle à cause des vibrations intenses auxquelles il est soumis. Il n'y a d'autre remède à cette situation que d'enlever le disjoncteur de la dynamo et le fixer sur un autre point du châssis, là où il sera préservé des vibrations. Bien entendu, il conviendra de rétablir les connexions par des fils de longueur suffisante.

Si le disjoncteur peut ne pas fermer quand la dynamo tourne normalement, il peut aussi ne pas ouvrir quand le moteur s'arrête. Dans ce cas, la batterie se décharge dans la dynamo à l'arrêt, et il peut en résulter une grave détérioration de l'installation. Si l'on constate qu'à l'arrêt l'aiguille de l'ampèremètre vient se bloquer à fond du côté décharge, il faut, sans trop perdre de temps, débrancher la batterie. Parfois il suffit de frapper légèrement sur le boîtier du disjoncteur pour provoquer son décollage.

Si cet incident s'est manifesté, ne fût-ce qu'une fois, il est essentiel de faire vérifier le disjoncteur : au cours du collage, il est probable que ses contacts se sont détériorés et qu'ils colleront de nouveau.

Terminons en disant que tous les éléments de l'installation électrique doivent être entretenus dans le plus grand état de propreté et toutes les connexions parfaitement serrées et isolées.

Moyennant quoi, on pourra se considérer comme à l'abri des pannes qui, nous le répétons, se font de plus en plus rares.

Table des Matières

autos / motos

www.decoopman.com

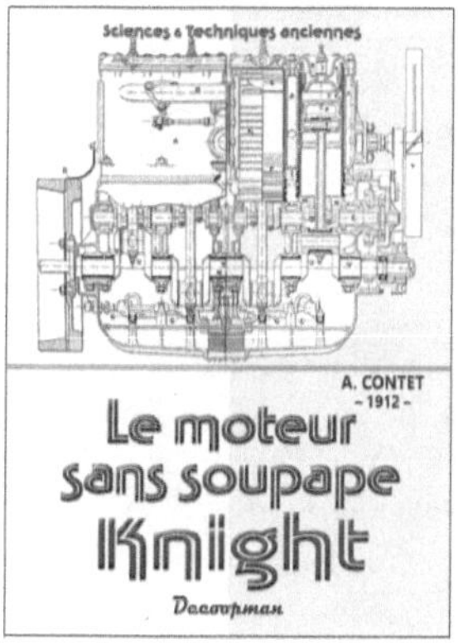

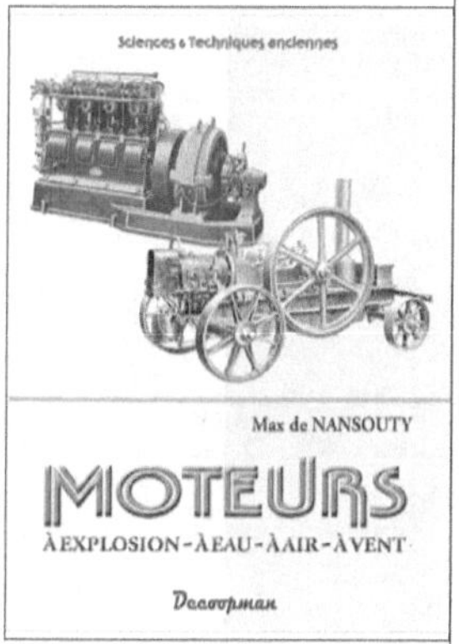

Imprimé en France
Lightning Source - 78310 Maurepas

www.ingramcontent.com/pod-product-compliance
Lightning Source LLC
LaVergne TN
LVHW090436061026
849522LV00002B/658
* 9 7 8 2 3 6 9 6 5 1 8 1 9 *